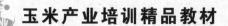

玉米产业培训精品教材

玉米绿色优质高产栽培与病虫害统防统治

于 卿 褚冰倩 闫玉娟 史凤艳 段 珍 主编

U0272343

中国农业科学技术出版社

图书在版编目(CIP)数据

玉米绿色优质高产栽培与病虫害统防统治／于卿等主编．--北京：中国农业科学技术出版社，2024.6.

ISBN 978-7-5116-6875-2

Ⅰ. S513；S435.13

中国国家版本馆 CIP 数据核字第 2024WT5418 号

责任编辑　白姗姗
责任校对　李向荣
责任印制　姜义伟　王思文

出　版　者　中国农业科学技术出版社
　　　　　　　北京市中关村南大街 12 号　　邮编：100081
电　　　话　(010) 82106638 (编辑室)　　　(010) 82106624 (发行部)
　　　　　　　(010) 82109709 (读者服务部)
网　　　址　https：//castp.caas.cn
经　销　者　各地新华书店
印　刷　者　鸿博睿特(天津)印刷科技有限公司
开　　　本　140 mm×203 mm　1/32
印　　　张　5
字　　　数　130 千字
版　　　次　2024 年 6 月第 1 版　2024 年 6 月第 1 次印刷
定　　　价　39.80 元

《玉米绿色优质高产栽培与病虫害统防统治》

编 委 会

前　言

　　玉米是我国重要的经济作物之一，也是我国种植的主要粮食作物之一，是不少地区农民的重要收入来源。当前，玉米栽培技术水平不断提高，玉米产量大大提升，但是在一些地区，依然有农民采用传统的种植方法，对玉米种植的实际收益造成了影响。因此，推行绿色优质高产栽培技术是大势所趋。

　　本书介绍了玉米生产的实用技术，包括玉米概述、玉米绿色优质高产栽培技术、玉米田间管理、玉米绿色优质高产栽培模式、玉米病虫草害统防统治、玉米防灾减灾技术、玉米机收减损与贮藏加工等内容。

　　本书文字通俗，材料新颖，措施得当，可操作性强，适合广大农村基层干部、农业技术人员和农民朋友阅读参考。

编　者

2024 年 5 月

目　　录

第一章 玉米概述

第一节 类型与分类

一、按籽粒形态与结构分类

玉米属禾本科玉米属，按籽粒形态与结构可分为以下九大类。

（一）硬粒型果

穗多为圆锥形，籽粒坚硬，有光泽，胚乳以角质淀粉为主，粒色有黄色、白色、红色、紫色等，以黄色最多，白色次之，具有早熟、结实性好、适应性强等特点。

（二）马齿型果

穗多为圆柱形，籽粒较大，胚乳以粉质淀粉为主，顶部凹陷，呈马齿形，颜色多为黄色，白色次之，其他颜色较少，具有增产潜力。

（三）半马齿型

果穗长锥形或圆柱形，籽粒顶部凹陷，胚乳类型介于硬粒型和马齿型之间，是生产上主要应用的类型。

（四）糯质型

胚乳由角质淀粉组成，籽粒无光泽，不透明，呈蜡质状，也称为蜡质玉米，粒色有黄色、白色等，有果蔬型和加工型两种。

（五）甜质型（甜玉米）

可分为普通甜玉米、超甜玉米和加强甜玉米三类，籽粒胚乳大部分为角质淀粉，乳熟期籽粒含糖量 12%～18%，成熟后籽粒皱缩，颜色有黄色、白色等，一般用于嫩穗鲜食和加工制作罐头。

（六）爆裂型

穗小轴细，籽粒圆形、顶部突出、较坚硬，多为角质淀粉，遇高温体积膨胀 2～3 倍，粒色多为黄色、白色，其他颜色较少，有珍珠型和米粒型两种。

（七）粉质型

籽粒与硬粒型相似，无光泽，胚乳多由粉质淀粉组成，组织疏松，易磨粉，产量偏低。

（八）有稃型

植株多叶，籽粒外有稃叶包裹，常自交不孕，籽粒坚硬，并有各种形状和颜色，不易脱粒，无栽培价值。

（九）甜粉型

籽粒上部为角质淀粉、下部为粉质淀粉，含糖质淀粉较多，生产价值较小。

二、按生育期分类

（一）早熟品种

这类品种的植株较矮，叶片较少，一般在 14～17 片，果穗为短锥形，千粒重 150～250g，产量潜力不大。

（二）中熟品种

生育期 100～120d，这类品种适应性较广，叶片数一般 18～20 片，果穗大小中等，千粒重 200～300g。

（三）晚熟品种

生育期 120~150d，这类品种植株高大，叶片数一般 21~25 片，果穗较大，千粒重 300g 左右，产量潜力较高。

三、按株型分类

（一）紧凑型

株型紧凑，叶片与茎秆的叶夹角小于 15°。

（二）披散型

株型松散，叶片与茎秆的叶夹角大于 30°。

（三）半紧凑型（中间型）

株型较紧凑，叶片与茎秆的叶夹角在 15°~30°。

四、按籽粒颜色和用途分类

玉米籽粒的颜色可分为黄色、白色、黑色和杂色四类。黄玉米含有较多的维生素 A 和胡萝卜素，营养价值较高，而白色玉米则不含有维生素 A。

玉米按用途可以划分为食用、饲用和食饲兼用三类。食用玉米主要是指利用它的籽粒作为粮食、精饲料和食品工业原料，通常要求籽粒高产、优质。饲用玉米指用玉米的茎叶作为饲料，要求茎秆粗大，叶片宽而多汁。食饲兼用玉米则要求综合前两者的优点，既要求籽粒高产优质，又要求籽粒完熟时茎叶仍青嫩多汁。

第二节　种植方式

一、等行距种植

这种方式是行距相等，株距随密度而有不同。其特点是植株在抽穗前，地上部叶片与地下部根系在田间均匀分布，能充分地利用养分和阳光；播种、定苗、中耕锄草和施肥培土都便于机械化操作。但在肥水高密度大的条件下，在生育后期行间郁蔽，光照条件差，光合作用效率低，群体、个体矛盾尖锐，影响进一步提高产量。

二、宽窄行种植（大垄双行栽培）

宽窄行种植也称大小垄，行距一宽一窄，一般大行距60~80cm，窄行距40~50cm，株距根据密度确定。其特点是植株在田间分布不匀，生育前期对光能和地力利用较差，但能调节玉米后期个体与群体间的矛盾，所以在高肥水高密度条件下，大小垄一般可增产10%。在密度较小情况下，光照矛盾不突出，大小垄就无明显增产效果，有时反而会减产。

除此之外，近年来提出的还有比空栽培法、大垄平台密植栽培技术等。

生产实践中，选择种植方式时应考虑地力和栽培条件。当地力和栽培条件较差的情况下，限制产量的主要因子是肥水条件，实行宽窄行种植，会加剧个体之间的竞争，从而削弱了个体的生长；但在肥水条件好的情况下，限制产量的主要因子是光、气、热等，实行宽窄行种植，可以改善通风透光条件，从而提高产量，所以，种植方式应因时、因地而宜。

第二章　玉米绿色优质高产栽培技术

第一节　品种选择及处理

一、玉米品种选择要点

品种是影响玉米生长效益的关键。因此，在播种前要进行品种选择，以此来提升玉米整体产量。

（一）选择通过本区域审定的品种

在玉米品种选择过程中需要挑选已经经过政府部门审定和认可的品种，这一类玉米品种产量更加稳定，经过了长时间的试验，不容易出现病虫害，抗逆性以及抗倒伏性均有一定优势。品种审定包括省级审定和国家审定两类，前者只可以在省内进行销售，后者可以在全国范围内进行销售。审定玉米品种会经过专门的管理部门实施区域试验，对玉米产量品种抗逆性、环境适应能力、生育期以及生产品质进行多方面观察，根据其具体生长表现制定合适的方式，从而调整玉米品种研发策略。在品种试验结束后通过多个专家共同评定的方式，分析玉米品种质量，当玉米品种经过审定后才可以推向市场。农民在挑选玉米品种时必须保证其经过相应部门的审定。

（二）因地制宜选择

在玉米品种挑选时，环境因素是影响品种生产效益的关键，务必要落实因地制宜的原则，这样才能够全面提高玉米品种生产效益。在挑选玉米品种时，农户应分析品种和当地气候环境规律是否一致，挑选适应能力强的品种，有效提高玉米品种的存活率，提高玉米生长效益。在因地制宜选择品种时也需要考虑当地病虫害的具体流行状况，针对某一种常见流行病害挑选具有相应抗性的品种，有效避免病虫害的产生和出现。对播种时间进行分析，如果当地播种时间较晚，需要挑选生育期短的玉米品种，如果选择地膜覆盖的方式播种，就可以挑选生育期长的品种。

二、玉米种子质量鉴别分析

玉米种子质量鉴别难度较大，部分农民在筛选种子时通常只会通过外观判断种子质量，而在外观观察过程中也存在着不全面的现象，难以发现玉米种子存在的质量问题。

因此在玉米种植时需要从多个角度出发对种子质量进行鉴别，做好玉米种子质量评估工作。

（一）种子纯度鉴别

种子纯度是重点鉴别要素，部分玉米杂交种子纯度不足，会影响玉米产量和品质。如果母本存在杂株会影响玉米籽粒的状态，农户可以通过对籽粒粒型、透明度以及胚乳层颜色进行观察，以此来将杂粒种子筛除。玉米种子纯度要求存在差异，单交种子一级和二级的纯度分别需要超过98%和96%，双交种子以及单交种子中一级和二级玉米种子纯度必须超过97%和95%。

（二）种子外观鉴别

种子外观是鉴别质量的主要方式，通过对外观进行观察可以评估出玉米种子的发芽率，需要农户可以从不同角度出发对外观进行观察。首先需要保证种子外观整体处于饱满状态，干瘪种子其内部容易存在病原菌或者虫卵，水分较低，会影响后续的发芽率。对种子是否出现病虫害症状进行观察，如果种子外部存在明显的发霉、变质以及虫蛀的现象则不能进行播种，这会影响发芽率，也会增加病虫害的发生概率，在玉米种植过程中会通过土壤不断传播病虫害，从而给农户带来严重的经济损失，影响玉米品质。对玉米种子的外观颜色进行观察，如果颜色较为暗淡、缺少光泽，很有可能是陈年种子，其生长也会受到影响。但是如果胚部未出现凹陷，光泽度较高，代表种子内部水分含量较大，这一类种子也不能购买。

（三）种子干湿度鉴别

玉米种子的干湿度水平是评估种子质量的关键。一旦种子潮湿，容易出现发霉变质的现象。农户在购买玉米品种时多数只会观察上层玉米种子，而下层玉米种子观察不到位，这也会使某些商家会在底层铺上劣质种子，上层铺上优质种子，以此来迷惑农民。在购买玉米种子时可以将手伸入种子袋的底部，利用手部触感分析玉米种子是否潮湿。

（四）种子味道鉴别

味道是玉米种子质量鉴别的主要方式，用以鉴别种子是否变质。发芽后种子普遍会存在甜味，但是发霉种子会有酸味或者酒味，无味种子则代表其没有出现变质的现象，其产量和品质也会相对较高。

（五）购买通过当地备案的种子

农民在购买玉米种子时需要前往拥有合格资质证明的种子销售单位，同时看销售的品种是否在农业农村部门备案。根据《中华人民共和国种子法》等相关规定，明确提出一切与售卖种子相关的单位要有相关的证件，如营业证、经营许可证、种子植物检疫证和种子合格证等。农民可以观察在销售店内是否拥有这些证件，只有合格的销售单位才能够销售经过审定的合格种子。

三、种子处理

为防治地下害虫及种子上病菌的侵染，提高种子的出苗率，确保作物苗全、苗壮、安全生产，在播种前要采取精选、晒种、药剂处理等措施。

(一) 种子精选

播前筛去小、秕粒，清除霉、破、虫粒及杂物，使种子大小均匀饱满，便于机播，利于苗全、苗齐。

(二) 晒种

玉米播种前晒种是在不增加成本的前提下增产的一项好办法，为此，因地制宜采取适宜的种子晾晒技术，对于确保种子质量、促进种子增效、帮助农户增收均具有十分重要的意义。通过晒种，一是可以利用太阳紫外线，杀死黏附于种子上的病菌孢子，预防和减轻由种子带来的丝黑穗病等病害。二是晒种可以降低种子的含水量，使其吸水能力增强，播种后能很快吸收土壤中的水分，发芽快，出苗齐。三是通过晒种可以增强酶的活性，提高种子的发芽势和发芽率。

晒种一般在播种前 10~15d 进行，应选在 9—16 时的晴天进行，将种子均匀地摊在晒场上（不能将种子直接摊放在柏油路面、水泥地和铁板上，防止温度过高烫伤种子），厚度以 5~10cm 为宜，白天经常翻动，夜间堆起盖好，一般连晒 2~3d 即可。这样既可以提高酶活性，增强种子活力，又可以提高出苗率 13%~28%，提早出苗 1~2d。

(三) 药剂处理

1. 防治丝黑粉病等苗期病害

浸后晾干的种子可用 50% 多菌灵可湿性粉剂 150~200g 拌种 50kg，或者用 70% 甲基硫菌灵可湿性粉剂 150~250g 拌种 50kg，或者用 25% 粉锈宁可湿性粉剂 100g 拌种 50kg，可防治丝黑粉病。

2. 防治地下害虫

用 50% 辛硫磷按种子重的 0.2% 拌种。具体做法：用 50% 辛硫磷 100g 乳油兑水 5kg 均匀喷洒在 50kg 种子上，并堆闷 3~4h，然后摊开阴干后再播种，可有效防治地下害虫。

(四) 种子包衣

采用人工或机械用种衣剂包衣种子，是防治苗期地下害虫、苗期病害，提供肥源，防治丝黑穗病的有效措施。种衣剂由杀虫剂、杀菌剂、复合肥料，微量元素、植物生长调节剂、缓释剂、成膜剂等加工制成，可防治地下害虫和苗期病害，防除种子带菌，促进生长发育。可按一定的药种比（一般 2%）处理种子，种衣剂在种子表面 3~5ms 迅速固化成一层药膜，如同给种子穿上"防弹背心"。根据各地病害、虫害发生情况，针对不同防治对象，播种前选用相应的种衣剂进行种子包衣。对丝黑穗病常年发生的地块，宜选择含戊唑醇的种衣剂，同时正确使用含烯唑醇成分的种衣剂（播种深度超过 3cm 产生药害）。对丛生苗较多的地块可宜选用含有克百威含量 7% 以上的种衣剂。

第二节 整地播种

播种后出苗快、齐、全，在生育过程中各时期能遇到较好的气候条件，生长稳健，才能达到高产稳产的目的。

一、播种期

确定玉米的适宜播期，必须考虑温度、墒情和品种特性等因素，除此以外，还应考虑当地地势、土质、生产制度等条件，使高产品种充分发挥其增产潜力。东北和西北地区一般 4—5 月播种春玉米，华北地区在4月中下旬播种春玉米，黄淮海地区5月下旬至6月中旬播种夏玉米，长江流域7—8月播种秋玉米，华南地区11—12月播种冬玉米。南方一般在3月中旬至4月上旬播种春玉米，华南还有部分地区在2月播种早玉米。

二、播种量和播深

播种量因种子大小、种子生活力、种植密度、种植方法和生产的目的而不同。凡是种子大、种子生活力低和种植密度大时，播种量应适当增大，反之应适当减少。一般条播每亩[*]需种子3~4kg，点播每亩需种子2~3kg。播种深度要适宜，深浅要一致。一般播种深度以5~6cm为宜。如果土壤黏重、墒情好时，应适当浅些，为4~5cm；土壤质地疏松、易于干燥的沙质土壤，应播种深一些，可增加到6~8cm，但最深不宜超过10cm。

三、玉米直播播种

直播是在小麦收获后播种玉米，其优点是便于机械化操作，播种质量容易提高，出苗比较整齐，有利于提高玉米的生长整齐度。缺点是玉米的生长时间较短，不能种植生育期较长的高产品种。直播玉米的播期越早越好，晚播会造成严重减产。要注意选用中早熟品种，并因地制宜采用合理的抢种方法。具体方法主要有两种：一是麦收后先用圆盘耙浅耕灭茬然后播种；二是麦收后不灭茬直接播种，待出苗后再于行间中耕灭茬。直播要注意做到：墒情好，深浅一致，覆土严密，施足基肥和种肥。基肥和种肥氮肥占总施肥量的30%~40%，磷、钾肥一次施足。因为种肥和基肥施用量比较多，所以要严格做到种、肥隔离，以防烧种。

---

* 1亩≈667m^2。

四、播种密度

根据品种特性、种植模式、土壤肥力、管理水平和产量目标等，科学合理确定适宜种植密度，构建高产群体。一般地块亩保苗 3 500~4 000 株，对于整地质量高、土壤保水保肥能力强、生产条件整体较好且选用耐密抗倒玉米品种的地块，亩保苗密度可增至 4 500~5 000 株。具备水肥一体化条件的，在选择耐密品种、做好拔节化控、配套水肥精准调控技术的条件下，可因地制宜合理增密至 5 500~6 500 株/亩。

第三节 肥水管理

一、玉米对养分需求的特点

(一) 不同生长时期玉米对养分的需求特点

每个生长时期玉米需要养分比例不同。玉米从出苗到拔节期，吸收氮素 2.50%、有效磷 1.12%、有效钾 3.00%；从拔节到开花期，吸收氮素 51.15%、有效磷 63.81%、有效钾 97.00%；从开花到成熟期，吸收氮素 46.35%、有效磷 35.07%。

(二) 玉米整个生育期内对养分的需求量

玉米生长需要从土壤中吸收多种矿质营养元素，其中，以氮素最多，钾次之，磷居第三位。一般每生产 100kg 籽粒需从土壤中吸收纯氮 2.5kg、五氧化二磷 1.2kg、氧化钾 2.0kg。氮磷钾比例为 1 : 0.48 : 0.8。

二、玉米施肥量

(一) 根据目标产量计算需肥量

目标产量就是当年种植玉米要定多少产量，它是由耕地的土壤肥力高低情况来确定的。另外，也可以根据地块前3年玉米的平均产量，再提高 10%~15% 作为玉米的目标产量。例如，某地块为较高肥力土壤，当年计划玉米产量达到 600kg，玉米整个生育期所需要的氮、磷、钾养分量分别为 15.0kg、7.2kg、12.0kg。

（二）计算土壤养分供应量

根据土壤中速效养分测定值，计算出1亩地中磷钾的养分含量。1亩地共有15万千克土，如果土壤碱解氮的测定值为 120mg/kg，有效磷含量测定值为 40mg/kg，速效钾含量测定值为 90mg/kg，则1亩地土壤有效碱解氮的总量为15万千克×120mg/kg = 18kg，有效磷总量为 6kg，速效钾总量为 13.5kg。

（三）确定玉米施肥量

根据玉米全生育期所需要的养分量和土壤养分供应量及肥料利用率则可以计算玉米的施肥量，再把纯养分量转换成肥料的实物量，就可以用来指导施肥。由于土壤多种因素影响土壤养分的有效性，土壤中所有的有效养分并不能全部被玉米吸收利用，需要乘上一个土壤养分校正系数。碱解氮的校正系数在 0.3~0.7，有效磷校正系数在 0.4~0.5，速效钾的校正系数在 0.50~0.85。氮磷钾化肥利用率为氮 30%~35%、磷 10%~20%、钾 40%~50%。例如，亩产 600kg 玉米，所需纯氮量为 [18×（0.3~0.7）] /0.30 =（18~42）kg；磷肥用量为 [6×（0.4~0.5）] /0.2 =（12~15）kg，考虑磷肥后效明显，所以磷肥可以减半施用，即施 10kg；钾肥用量为 [13.5×（0.50~0.85）] /0.50 =（13.5~22.95）kg。若施用磷酸二铵、尿素和氯化钾，则每亩应施磷酸二铵 24~30kg、尿素 28~35kg、氯化钾 22~38.25kg。

三、种肥同播

目前，玉米播种基本已经实现机械化，但施肥还比较传统，劳动力投入较大。

玉米种肥同播是指玉米种子和化肥同时播入田间的一种操作模式。"种肥同播"技术是在玉米播种时，按有效距离，将种子、化肥一起播进地里，提高施肥精准度，实现了农机农艺结合，同时又省工省时省力，这种"良种+良肥+良法"的生产方式，能大大提高耕作效率，是配方肥科学施用的有效形式。

（一）玉米"种肥同播"的优点

1. 省工、省时、节约成本

小麦收割后，用专业的种肥同播机器一次性施入底肥的同时播下种子，肥效充足，保证了较高产量。"种肥同播"原来是播种、施肥2次操作，现在是把播种和施肥结合在一起，不用人力，简化了栽培方式，从而节约了大量劳动时间，实现种地与外出务工两不误，收入双提高。

2. 提高肥料利用率，增产增收

"种肥同播"在节约大量成本费的同时，还减少肥料养分的流失，扩大效益。追肥时传统的撒施方式造成肥料养分的大量流失、挥发，使肥料利用率很低。

而肥料施进土壤，有效地减少了肥料地表流失和挥发，因为肥料在土壤微生物菌的作用下转化成作物生长需要的营养，能提高肥料利用率10%~20%，在相同施肥量的情况下，肥料吸收得越多，利用率越高，使肥料养分得到充分利用，增产增收。例如，作物根系主要以质流方式获取氮素，但土壤水运动的距离大多不超过3~4cm，对根系有效的氮素，需在根系附近3~4cm处；磷、钾主要以扩散的方式向根系供应养分。吸

收养分的新根毛平均寿命为 5d，最活跃的根部分生区的活性保持期为 7~14d。

3. 苗齐苗壮

由于传统的机播方式比较粗放，加上田间肥效跟不上，容易造成缺苗及植株生长参差不齐现象，"种肥同播"出苗整齐，肥效供应及时，大小一致，植株生长良好。"种肥同播"还解决了农民舍不得去除壮苗的心理问题，减少了多苗争肥现象，使充足的养分有效供应在一株苗上，形成壮苗，保证了苗期养分的足量供应，有利于苗情整齐健壮。同时"种肥同播"技术，可以做到合理密植，解决了传统的耕作模式株、行距把握不好形成的密度不合理现象，可以使田间通风透光性良好，充分发挥玉米品种的稳产、丰产性，有效提高产量。

（二）玉米"种肥同播"的方法

1. 适合做种肥的化肥

碳酸氢铵（有挥发性和腐蚀性，易熏伤种子和幼苗）、过磷酸钙（含有游离态的硫酸和磷酸，对种子发芽和幼苗生长会造成伤害）、尿素（生成少量的缩二脲，含量若超过 2%对种子和幼苗就会产生毒害）、氯化钾（含有氯离子）、硝酸铵、硝酸钾（含硝酸根离子，对种子发芽有毒害作用）、未腐熟的农家肥（在发酵过程中释放大量热能，易烧根，释放氨气灼伤幼苗），这些都不适宜作种肥。

种肥要选用含氮、磷、钾三元素的复合肥，最好是缓控释肥，玉米生长需要多少养分释放多少，还可以减少烧种和烧苗。

2. 分区施用

化肥集中施于根部，会使根区土壤溶液盐浓度过大，土壤溶液渗透压增高，阻碍土壤水分向根内渗透，使作物缺水而受到伤害。直接施于根部的化肥，尤其是氮肥，即使浓度达不到"烧死"作物的程度，也会引起根系对养分的过度吸收，茎叶旺长，容易导致病害、倒伏等，造成作物减产。所以要保持肥料和种子左右间隔 5cm 以上，肥料在种子下方 5cm 以上，最好达到 10cm。

3. 肥料用量要适宜

如果玉米播种后不能及时浇水，种肥播量一般不超过 25kg/亩，在出苗后 5~7 片叶时，再穴施 10~15kg/亩。如果能及时浇水，而且保证种肥间隔 5cm 以上时，播量可以达到 30~40kg/亩。

4. 浇蒙头水

播后 1~2d 浇蒙头水，一定不能超过 3d，注意土壤墒情，减少烧种、烧苗。

5. 增施氮肥

如果前茬是小麦，而且是秸秆还田地块，一般每亩还田 200~300kg 干秸秆，要额外增施 5kg 尿素或者 12.5kg 碳铵，并保持土壤水分 20%左右，有利于秸秆腐烂和幼苗生长，防止秸秆腐烂时，微生物和幼苗争水争肥，还可以减少玉米黄苗。

四、玉米微量元素的施肥

（一）硼

硼在植物体内的碳、氮代谢中有着十分重要的作用，有利于根系生长发育。硼同锌一样，对于生长素——吲哚乙酸的合成有着重要影响，可促进营养器官和生殖器官的生长，因此，硼素在植物的受精阶段以至种子形成以后的发育时期中均有着巨大影响。硼还有加速植株发育、促进种子早熟的作用。硼素营养状况与植物的抗逆性和抗病力的关系相当密切。

土壤供硼不足，玉米常常出现雄穗不易抽出、雄花不能形成或变小等现象或只开花不结实的病症。施硼肥可使玉米各种生育期提前。农业上使用的硼肥品种大多是硼砂。

（二）锌

锌是一些酶的重要组成成分，绿色植物的光合作用，必须要有含锌的碳酸酐酶的参与，催化二氧化碳的水合作用，增强光合作用；在植物的氮素代谢中，锌发挥着重要作用，能提高籽粒中蛋白质含量；锌与植物生长素——吲哚乙酸的合成息息相关，有利于生长素的合成。

玉米对锌肥非常敏感，有人认为玉米是缺锌指示植物。土壤供锌不足，玉米植株常发生白苗花叶病，施锌肥不仅可以防止该种生理病害，而且可以提高籽粒产量和蛋白质含量。锌肥种类很多，七水磷酸锌是现在常用的锌肥品种。

（三）钼

钼在植物体内最主要的生理功能是影响氮素代谢过程，在硝态氮转换成胺态氮转化过程中，钼是硝酸还原酶中不可缺少的组成成分；钼还是多种固氮细菌正常生命活动所必需的元素；钼素能提高植株叶片中叶绿素的含量和稳定性，有利于光合作用的正常进行；钼能够改善碳水化合物，尤其是蔗糖从叶部向茎秆和生殖器官流动的能力，对促进植株的生长发育很有意义；保证植物钼素营养供应，对提高作物抗旱和抗寒性具有较为重要的意义。

土壤中钼素供给不足时，种子萌发慢，有的幼苗扭曲，在生长早期就可能死亡。生产上常用的钼肥品种是钼酸铵。

（四）铁

铁在植物体内是一些酶的组成成分。由于它常居于某些重要氧化还原酶结构上的活性部位，起着电子传递的作用，对于催化各类物质代谢中的氧化还原反应，有着重要影响。因此，铁与碳、氮代谢的关系是十分密切的。铁并非叶绿素的成分，但是叶绿素的形成必须要有铁的参与，因此铁成为合成叶绿素不可缺少的条件。

植株铁营养不足，就会使叶绿素的合成受到阻碍，叶片便发生失绿现象，严重时叶片变成灰白色，尤其是新生叶更易出现失绿病症；施铁肥后，可使黄化叶转绿。目前，农业生产上应用的铁肥品种主要是硫酸亚铁。

（五）锰

锰对植物体内的多种生理生化过程有很大影响。它参与光合作用，与二氧化碳的同化作用有关。与植物的呼吸作用和氧化还原过程也有联系，并且是植物氮素代谢中的活跃因子，还是合成维生素 C 和核黄素的重要因素之一。

植物体内锰素营养不足，常常引起叶片失绿，使光合作用有一定程度的减弱；锰素供给充足时，能够减少正午光合作用所受到的抑制，从而使光合作用得以正常进行，有利于体内的碳素同化过程。目前，农业生产上应用的锰肥品种主要是硫酸锰。

（六）硫

硫在植物体内参与胱氨酸和蛋氨酸等含硫氨基酸的形成。几乎所有蛋白质都有含硫氨基酸，因此硫在植物细胞的结构和功能中都有着重要作用，是原生质的组成成分。同时硫还是代谢活动的参与者，参与调节细胞中的氧化还原过程、呼吸作用以及某些物质的合成和转化，因此，硫在植物体内起着广泛的生理作用；硫元素能提高氨基酸、蛋白质含量，进而提升农产品品质。土壤中硫化物可分为无机态和有机态两种。无机硫在氧化作用下产生的硫酸根可以被植物直接吸收，进而还原成含硫氨基酸，构成细胞物质；硫酸根在硫还原细菌作用下被还原成硫化物、硫代硫酸盐、硫元素等，并在硫氧化细菌作用下氧化为硫酸盐。有机态硫与微生物结合，在好气条件下，生成硫酸盐；在嫌气条件下，生成硫化物。

缺硫时，含硫氨基酸合成减少，蛋白质含量降低，叶绿素的形成也会相应地受到影响。植株缺硫的症状是叶片呈黄绿色。硫肥主要是硫黄矿、硫铁矿、石膏矿等含硫矿物，可直接施用。化学硫肥包括普通过磷酸钙、硫酸铵、含硫微肥等。

（七）镁

镁是叶绿素的重要组成成分之一，是叶绿素分子的中心原子，植物合成叶绿素是必不可少的。另外，镁还是植物体内葡萄糖激酶、果糖激酶和磷酸葡萄糖变位酶及 DNA 聚合酶等多种酶的重要活化剂，光合作用中的某些酶（如二磷酸核酮糖羧化酶）必须是在镁离子的作用下才能被激活的，镁还对植物体内碳水化合物代谢等多种代谢活动有促进作用。镁是核糖体的组成成分。镁还能影响线粒体的发育。

作物缺镁时叶片通常失绿。玉米缺镁时，下部叶片脉间出现淡黄色条纹，后变为白色条纹，严重时脉间组织干枯死亡，呈紫红色花斑叶，而新叶变淡。常用的水溶性镁肥是硫酸镁，其次为硝酸镁，它们都可以作为速效镁肥施用，也可以用来配制叶面喷施溶液。

（八）铜

铜在植物体内的功能也是多方面的。它是多种酶的组成成分，与碳素同化、氮素代谢、呼吸作用以及氧化还原过程等均有密切关系。植株叶片中的铜几乎全部含于叶绿体内，对叶绿素起着稳定作用，以防叶绿素遭受破坏；铜素的存在能改善碳水化合物（如蔗糖等）向茎秆和生殖器官的流动，促进植株的生长发育，对提高植物抗病力的作用尤其突出。

植株的铜素营养不足，叶绿素含量便会减少，叶片则出现失绿现象，补充铜肥，对于许多植物的多种真菌性和细菌性疾病均有明显的防治效果。目前，农业生产上应用的铜肥品种主要是硫酸铜。

（九）钙

钙是一种所有作物都所必需的中量元素。钙是植物体细胞壁和细胞间层的主要组成成分，使植株的器官和个体具有一定的机械强度；钙与蛋白质分子相结合，是质膜的重要组分，可防止细胞和液胞中的物质外渗，保持膜的完整性，防止果实变绵衰老。另外，钙是植物体内一些酶的组分和活化剂，对碳水化合物和蛋白质的代谢，以及植物体内生理活动的平衡等，起着重要作用；钙具有消除植物体内某些有机酸的作用，降低有机酸对植物体产生的毒害；钙还有利于促进植物对钾离子的吸收；能促进原生质胶体凝聚，降低水合度，使原生质黏性增大，增强抑制真菌的侵袭、抗旱、抗热能力。

土壤中钙过多时，常会拮抗对钾、镁离子的吸收，也易降低锰、铁、硼、锌等元素的有效性；玉米缺钙时，叶缘呈白色透明锯齿状不规则破裂。幼叶的叶尖相互胶黏在一起不能伸展。

五、玉米的水分管理

根据玉米的生育特点，合理用水，科学浇水，充分提高水资源的利用率，推广旱作栽培和节水灌溉技术，稳定提高玉米产量。

（一）玉米的需水特性

玉米的需水量也称耗水量，是指玉米在一生中土壤棵间蒸发和植株叶面蒸腾所消耗的水分总量。玉米全生育期需水量受产量水平、品种、栽培条件、气候等众多因素影响而产生差异。因此，需水量不尽一致。玉米不同时期的需水规律如下。

（1）播种至拔节期。该阶段经历种子萌发、出苗及苗期生长过程，土壤水分主要供应种子吸水、萌动、发芽、出苗及苗期植株营养器官的生长。因此，此期土壤水分状况对出苗能否顺利及幼苗壮弱起了决定作用。底墒水充足是保证全苗、齐苗的关键，尤其对于高产玉米来说，苗足、苗齐是高产的基础。夏播区气温高、蒸发量大、易跑墒。土壤墒情不足均会导致程度不同的缺苗、断垄，造成苗数不足。因此，播种时浇足底墒水，保证发芽出苗时所需的土壤水分，并在此基础上，苗期注意中耕等保墒措施，使土壤湿度基本保持在田间最大持水量的65%～70%，既可满足发芽、出苗及幼苗生长对水分的要求，又可培育壮苗。

（2）拔节至抽雄、吐丝期。此阶段雌、雄穗开始分化、形成，并抽出体外授粉、受精。根、茎、叶营养器官生长速度加快，植株生长量急剧增加，抽穗开花时叶面积系数增至5～6，干物质阶段累积量占总干重的40%左右，正值玉米快速生长期。此期气温高，叶面蒸腾作用强烈，生理代谢活动旺盛，耗水量加大。拔节至抽穗开花，阶段耗水量占总耗水量的35%～40%。其中拔节至抽雄，日耗水量增至40.5～51t/hm²。抽穗开花期虽历时短暂，绝对耗水量少，但耗水强度最大，日耗水量达到675t/hm²。

该阶段耗水量及干物质绝对累积量均约占总量的1/4，玉米处于需水临界期。因此，满足玉米大喇叭口至抽穗开花期对土壤水分要求，对增加玉米产量尤为重要。

（3）吐丝至灌浆期。开花后进入了籽粒的形成、灌浆阶段，仍需水较多。此期同化面积仍较大，此阶段耗水1 335～1 440t/hm²，占总耗水量的30%以上。籽粒形成阶段平均日耗水57.15t/hm²。灌浆阶段平均每日耗水38.40t/hm²。

（4）灌浆至成熟期。此阶段耗水较少，每公顷仅为420～570t，占总耗水量的10%～30%，但耗水强度平均每日仍达到35.55t/hm²，后期良好的土壤水分条件，对防止植株早衰、延长灌浆持续期、提高灌浆强度、增粒重、获取高产有一定作用。

总之，玉米的耗水规律表现为"前期少、中期多、后期偏多"的变化趋势，高产水平主要表现有3个特点：一是前期耗水量少，耗水强度小；二是中后期耗水量多，耗水强度大；三是全生育期平均耗水强度高。原因是苗期控水对产量影响最小。适量减少土壤水分进行蹲苗，不仅对根系发育，根的数量、体积、干重的增加有利，还可促进根系向土壤纵深处发展，以吸收深层土壤水分和养分。在生育后期为玉米良好的受精、籽粒发育、减少籽粒败育，扩大籽粒库容量，增加粒数、粒重，获得高产，创造一个适宜的土壤水分条件是非常必要的。

不同生育时期浇水对产量的影响是不同的。灌溉对穗粒数和千粒重的影响大于对穗数的影响。拔节水主要改善孕穗期间的营养条件，防止小花退化和提高结实率，穗粒数增加11.5%。另外，它对增加穗粒数和千粒重也有一定的作用，增产25.5%。灌浆水主要防止后期叶片早衰和提高叶片光合效率，使千粒重提高11.9%，同时对增加穗数和穗粒数也有一定作用，增产21.1%。在拔节期和灌浆期各浇1次水，则兼有增加穗粒数（19.2%）和提高千粒重（12.5%）的作用，穗数也略有增加（4.0%），增产达到41.8%，表明拔节期、灌浆期2次灌溉有显著的增产作用。

（二）玉米的灌溉制度和灌溉方法

1. 灌溉制度

适时、适量的灌溉对玉米高产很重要。正常年份一般玉米需浇水两次。第一次在播种前浇好底墒水；第二次在玉米穗分化期即玉米大喇叭口期浇水，此时正是玉米营养生长与生殖生长的关键期，也是玉米的需水临界期，此时缺水对玉米产量影响极大。如遇干旱年份，要在抽雄后再浇一水，这对玉米的后期生长增加千粒重有很大作用。

2. 灌溉方法

（1）畦灌。这是一种传统的灌溉方法，具体做法是通过筑埂和挖毛渠把土地筑成一定长方形小格，通常是 4~5 行玉米为一畦，从毛渠处打开缺口，引水入畦进行灌溉。畦灌的最大优点是能利用小麦原有的灌溉渠系浇水。在实行玉米套种的情况下，无须专门作畦，利用小麦的渠系即可灌溉。

畦的长度一般为 50~100m，地面坡降大的可缩短为 10~20m，畦的宽度一般为 2~3m。畦灌的好处是浇水量大，浇得匀，浇得足。主要缺点是比较费水，而且容易造成地面板结。尽管这种灌溉方法比较落后，但由于受到经济条件的限制，在今后相当长的时间内预计仍为玉米主要的灌溉方法。

（2）沟灌。通过培土在行间开沟，将毛渠内的水引入沟内，水在流动的过程中，通过毛细管的作用浸润沟的两侧，同时依靠水的重力作用浸润沟底部的土壤。沟灌的好处是无须增加水利投资，浇水量比较少，从而可以节约用水，减少土壤团粒结构受水力破坏的程度，土壤比较疏松透气。此外，在极端干旱的情况下，可以采取隔沟浇的办法以加速浇水进度，待浇完后再浇另一沟。在降了大雨之后，可以利用垄沟和毛渠排水，做到一套渠系，灌排两用。实行沟灌时要注意平整土地，使沟底平直，否则就可能发生水流在沟中受阻的情况。

（3）喷灌。喷灌是以一定压力将水通过田间管道和喷头喷向空中，使水散成细小的水珠，然后像降雨一样均匀地洒在玉米植株和地面上，这是一种最接近天然降雨的灌溉技术，喷灌的优点是：比地面灌溉省水，无须作畦挖沟，比较省工，水的利用率很高，对土地平整要求不太严格，可以结合灌溉施肥和喷洒农药，生育中后期灌溉可以冲洗叶片的花粉和尘土，有利于提高叶片光合效率。

玉米较适用喷灌，因为它在雨季生长，采用喷灌不会积水，因此不影响田间作业和玉米生长。最近几年喷灌发展很快，它既省水又省工，对玉米的增产起了很大作用。

（4）渗灌。又称地下管道灌溉，它是通过地下干、支输配水管，由湿润管通往玉米根际，渗湿根际土壤。这是目前最先进的一种灌溉方法，可以最大限度地杜绝水资源的损失和浪费。实践表明，渗灌比地面灌溉可节水40%~55%，增产幅度在20%左右。

渗灌的另一个优点是：浇后土壤表面仍保持疏松状态，土壤通气条件良好，有利于根系的发育，也节省了松土除草的用工。渗灌的湿润管可用内径为50~80mm的水泥管，也可以采用内径10~20mm的半硬质塑料管。管上部的透水部分的面积约占管周的1/4，管道的间距以2m左右为宜，深埋为0.5m左右。渗灌需要挖沟埋管，看起来比较费事，但省水、增产和功效期长。从长远利益来看，不失为一种比较有发展前途的灌溉方法。

（5）滴灌。滴灌是利用一种低压管道系统，将灌溉水经过分布在田间地面的一个个滴头，以点滴状态缓慢地、不断地浸润玉米根系最集中的地区。滴灌最大的优点是能直接把水送到玉米根系的吸收区，避免因渗漏、棵间蒸发、地面径流和喷灌时水分在空中的蒸发等方面的损失，而且对土壤结构也不造成破坏。它在节水方面的效果，在气候干燥地区表现尤为突出。

3. 高产高效节水措施

（1）整修渠道。目前地上渠道灌溉面积大，且渗漏水严重，是玉米灌溉中造成水资源浪费的主要原因。最好采取先整修渠道，然后铺一层塑料布的办法。可减少渗漏，确保畅通，一般可节水23%~30%。其方法是先加厚夯实渠埂，然后在渠沟里铺一层塑料布，这是防水渗漏的最佳措施。

（2）因地制宜。改进灌溉方法，一是对水源比较丰富、宽垄窄畦、地面平整的地块，可采取两水夹浇的方法；二是对地势一头高一头低的地块，可采取修筑高水渠的方法，把水先送到地势高的一头，然后让水顺着地势往低处流；三是对水源缺乏的地方，可采用穴浇点播的方法，播前先挖好穴，然后再担水穴浇进行点播，一般可节水80%~90%。

（3）推广沟灌或隔沟灌。玉米作为高秆作物，种植行距较宽，采用沟灌非常方便。除了省水外，沟灌还能较好保持耕层土壤团粒结构，改善土壤通气状况，促进根系发育，增强抗倒伏能力。沟灌一般沟长可取50~100m，沟与沟间距为80cm左右，入沟流量以每秒2~3L为宜，流量过大过小，都会造成浪费。

隔沟灌可进一步提高节水效果，可结合玉米宽窄行采用隔沟浇水，即在宽行开沟浇水。每次浇水定额仅为300~375t/hm^2，这种方法既省工又省水。控制性交替隔沟灌溉不是逐沟灌溉，而是通过人为控制隔一沟浇一沟，另外一沟不灌溉。下一次浇时，只灌溉上次没有浇水的沟，可显著降低株间蒸发损失。每沟的浇水量比传统方法增加30%~50%，这样交替灌溉一般可比传统灌溉节水25%~35%，水分利用效率大大提高。

（4）管道输水灌溉。采用管道输水可减少渗漏损失、提高水的利用率。目前采用的一般有地下硬塑料管，地上软塑料管，一端接在水泵口上，另一端延伸到玉米畦田远端，浇水时，挪动管道出水口，边浇边退。这种移动式管道灌溉，不仅省水，而且功效也较高。

（5）长畦分段灌和小畦田灌溉。灌溉水进入畦田，在畦田面上的流动过程中，靠重力作用入渗土壤的灌溉技术。要使灌溉水分配均匀，必须严格整平土地，修建临时性畦埂，在目前土地整平程度不太高的情况下，采取长畦分段灌溉和把大畦块改变成较小的畦田块的小畦田灌溉方法具有明显的节水效果，可相对提高田块内田面的土地平整程度，增加灌溉水的均匀度，田间深层渗漏和土壤肥分淋失减少，节水效果显著。一般所提倡的畦田长50m左右，最长不超过80m，最短30m。畦田宽2~3m。灌溉时，畦田的放水时间，可采用放水八九成，即水流到达畦长的80%~90%时改水。

（6）波涌灌。将灌溉水流间歇性地，而不是像传统灌溉那样一次使灌溉水流推进到沟的尾部。即每一沟（畦田）的浇水过程不是一次而是分成两次或者多次完成。波涌灌溉在水流运动过程中出现了几次起涨和落干，水流的平整作用使土壤表面形成致密层，入渗速率和面糙率都大大减小。当水流经过上次灌溉过的田面时，推进速度显著加快，推进长度显著增加，使地面灌溉浇水均匀度差、田间深层渗漏等问题能得到较好的解决，尤其适用于玉米沟沟畦较长的情况。一般可节水10%~40%。

（7）膜上灌。膜上灌是由地膜输水，并通过放苗孔和膜侧旁渗入玉米的根系。由于地膜水流阻力小，浇水速度快，深层渗漏少，节水效果显著。目前膜上灌技术多采用打埂膜上灌，即做成95cm左右的小畦，把70cm地膜铺于其中，一膜种植两行玉米，膜两侧为土埂，畦长80~120cm。和常规灌溉相比，膜上灌节水幅度可达30%~50%。

4. 玉米旱作蓄水保墒增产技术

我国旱作玉米占玉米总面积一半以上。"蓄住天上水，保住土中墒"，经济合理用水，提高水分利用率，是旱作玉米增产技术的关键。

（1）深耕蓄水。旱作玉米区年降水量60%~70%集中在7—9月。怎样保蓄和利用有限的降雨，是旱作技术要达到的目的。在一般农田深厚疏松的耕层土壤，截留的降水量可达总降水量的90%以上。土壤的充水和失水过程，大致和降雨季节一致，即早春散墒、夏季收墒、秋末蓄墒、冬季保墒，一般是在降雨末期蓄水量最多，在干旱多风的早春季节失水量最大。劳动人民创造了许多蓄墒耕作措施，如风沙旱地的沙田、黄土高原的梯田、平原旱地的条田等，都是截留降雨的好方法，除暴雨外能接纳全部的降雨，土壤含水量要高出 8～10 倍。

采取耕耙保墒措施：一是深耕存墒，秋季深耕比浅耕 0～30cm 耕层土壤含水量多 50%，深耕还能促进玉米根系发育并向深层伸长，扩大吸收肥水范围；二是耙地保墒，使土壤平整细碎，形成疏松的覆盖层，弥合孔隙，切断毛细管、减少蒸发。据测定，深耕后进行耙地可使耕层水分提高 10%～28%；三是中耕蓄墒，在玉米生长发育过程中，锄地松土，切断毛细管，抑制水分上升，减少蒸发。

（2）培肥土壤，调节地力。旱作玉米的表面是贫水，实质是缺肥。增施肥料，培肥地力，改善土壤结构，可以以肥调水，使根系利用土壤深层蓄水。培肥地力，一是进行秸秆还田，增加土壤中的有机物质；二是施用厩肥，增加土壤有机质含量，在耕层形成团粒结构，适宜的孔隙度和酸碱度，促进有益微生物活动，增强土壤蓄水保墒能力，秸秆还田是增加土壤有机质的有效措施之一，连续多年实行秸秆还田，可提高土壤有机质；三是种植苜蓿或豆科绿肥作物，实行生物养田。

（3）采用综合技术巧用土壤水。

①选用耐旱品种种植：与环境条件相适应的品种类型就比不适应的类型好。例如，在旱薄地选用扎根深、叶片窄、角质层厚、前期发育慢、后期发育快的稳产品种，而在墒情较好的肥地，种植根系发达、茎秆粗壮、叶片短宽的中大穗品种，则更表现出适应和增产。但是，抗旱品种并不等于就是对灌溉有良好反应的品种。有些非抗旱品种在干旱年份可能会取得高产，也可能在灌溉条件下达到很高的产量。显然，无论是在旱

地，还是在水浇地，都应该做好品种的筛选工作，以作为在同样条件下选用品种的依据。要根据土壤墒情、气候变化，因地制宜，灵活搭配。

②播前种子锻炼：采用干湿循环法处理种子，提高抗旱能力。方法是将玉米种子置于水桶中，在 20~25℃ 温度条件下浸泡两昼夜，捞出后在 25~30℃ 温度下晾干后播种；有条件的地方可以重复处理 2~3 次；经过处理的种子，根系生长快，幼苗矮健，叶片增宽，含水分较多，一般可增产 10%。

③选择适宜播期：躲避干旱，迎雨种植，旱作地区降雨比较集中，玉米幼苗期比较耐旱，进入拔节期以后需要较多的水分。根据当地降雨特点，把幼苗期安排在雨季来临之前，在幼苗干旱锻炼之后，遇雨立即苗壮生长。

④以化学制剂改善作物或土壤状况：化学调控可以抑制土壤蒸发和叶面蒸腾。保水抗旱制剂在旱作玉米的应用中有两类。一类叫叶片蒸腾抑制剂，在叶片上形成无色透明薄膜，抑制叶片蒸腾，减少水分散失。在干旱季节给玉米喷洒十六（烷）醇（鲸蜡醇）溶液，叶片气孔形成单分子膜，可使玉米耗水量减少 30% 以上，喷洒醋酸苯汞溶液，调节叶片气孔开合，预防叶片过多失水而凋萎。另一类叫土壤保水剂，主要作用于土表，阻止土壤毛细管水上升，抑制蒸发，起到保墒增温的效果。这类物质多是高分子聚合物和低分子脂肪醇、脂肪酸等，在土壤表面形成薄膜、泡沫或粉状物，抑制水分蒸发。

（4）秸秆覆盖栽培。将麦秸或玉米秸铺在地表，保墒蓄水，是旱地玉米一项省工、节水、肥田、高产的有效途径。秸秆覆盖在秋耕整地后和玉米拔节后在地表面与行间每亩铺500~1 000kg 铡碎的秸秆，也有采用旱地玉米免耕整株秸秆半覆盖，或旱地玉米免耕复合覆盖法。覆盖秸秆后，由于秸秆的阻隔作用，避免了阳光对土表的直接烤晒，地面温度降低，水分蒸发减少。由于秸秆翻入土壤，经高温腐熟成肥，增加了土壤有机质，促进了土壤团粒结构的形成。覆盖后土壤有机质、全氮含量、水解氮、速效磷和速效钾均比传统耕作的土壤增加，而土壤容重普遍下降，从而提高了玉米产量和水分利用率。

（三）玉米的涝害与排水

玉米是需水量较多而又不耐涝的作物。土壤湿度超过持水量的80%以上时，玉米就发育不良，尤其是在玉米幼苗期间，表现更为明显。水分过多的危害，主要是由于土壤空隙为水饱和，形成缺氧环境，导致根的呼吸困难，使水分和营养物质的吸收受到阻碍。同时，在缺氧条件下，一些有毒的还原物质（如硫化氢、氨等）直接毒害根部，促使玉米根的死亡。所以在玉米生育后期，在高温多雨条件下，根部常因缺氧而窒息坏死，造成生活力迅速衰退，甚至植株全株死亡，严重影响了产量的提高。玉米种子萌发后，涝害发生得越早，受害越严重，淹水时间越长受害越重。玉米在苗期淹水 3d，当淹到株高一半时，单株干重降低 5%~8%；只露出叶尖时，单株干重降低 26%；将植株全部淹没 3d，植株会死亡。

涝害分为多种，常见的有积涝、洪涝和沥涝。积涝由暴雨所致，因降水量过大，地势低洼，积水难以下排，作物长时间泡在积水中；洪涝则是由山洪暴发引起，常见于山区平地；另一种是沥涝，由于长时间阴雨，造成地下水位升高，积水不能及时排掉，群众把这种情况叫作"窝汤"。玉米发生涝害后，土壤通气性能差，根系无法进行呼吸，生长缓慢，甚至完全停止生长。遇涝后，土壤养分有一部分会流失，还有一部分经过反硝化作用还原为气态氮而跑入空气中，致使速效氮大大减少。受涝玉米叶片发黄，生长缓慢。另外，在受涝的土壤中，由于通气不良还会产生一些有毒物质，发生烂根现象。在发生涝害的同时，由于天气阴雨，光照不足，温度下降，湿度增大，常会加重草荒和病虫害蔓延。

目前常用的防涝、抗涝措施有以下几种。

第一，正确选地。尽量选择地势高的地块种植。地势低洼、土质黏重和地下水位偏高的地块容易积水成涝，多雨地区应避免在这类地块种植玉米。

第二，排水防涝。修建田间"三级排水渠系"，是促进地面径流、减少雨水渗透的有效措施。所谓"三级排水渠系"，是指将玉米田中开出的3种沟渠联成一体。这三种沟渠分别是玉米行间垄沟与玉米行间垂直的主排渠（腰沟）以及每隔25m左右与行间平行的田间排水沟。沟深一级比一级增加，可迅速排除田间积水。

第三，修筑堰下沟。在丘陵地区，由于土层下部岩石"托水"，加上土层较薄，蓄水量少，即使在雨量不很大的情况下，也会造成重力水的滞蓄。重力水受岩石层的顶托不能下渗，便形成小股潜流，由高处往低处流动，群众把它称为"渗山水"。丘陵地上开辟的梯田因土层厚薄不匀，上层梯田渗漏下来的"渗山水"往往使下层梯田形成受涝状态，出现半边涝的现象。堰下沟就是在受半边涝的梯田里挖一条明沟，深度低于活土层17~33cm，宽60~80cm，承受和排泄上层梯田下渗的水流，并结合排出地表径流。这种方法是解决山区梯田涝害的有效措施。

第四，选用抗涝品种。不同的玉米品种在抗涝方面有明显的差异。抗涝品种一般根系里具有较发达的气腔，在受涝条件下叶色较好，枯黄叶较少。

第五，增施氮肥。"旱来水收，涝来肥收"，这是农民在长期的生产实践中总结出来的经验。受涝甚至泡过水的玉米不一定死亡，但多数表现为叶黄秆红，迟迟不发苗。在这种情况下，除及时排水和中耕外，还要增施速效氮肥，以改善植株的氮素营养，恢复玉米生长，减轻涝害所造成的损失。

第六，采取措施促进早熟。一般玉米遭受涝害，生育期往往推迟，贪青晚熟，如果霜冻来得早就会影响产量。为了避免损失，可采取常规方法，隔行、隔株去雄、打底叶，这叫作放秋垄。

第四节　化学调控

化学调控技术是指以应用植物生长调节物质为手段，通过改变植物内源激素系统，调节作物生长发育，使其朝着人们预期的方向和程度发生变化的技术。化学调控技术具有许多优点：技术简单、用量少、见效快、效益高、便于推广应用、多对环境和产品安全。在农业生产中可以代替许多常规的栽培技术。

一、玉米化学调控的作用

一是塑造理想的丰产株型和良好的田间结构。玉米化控能明显地降低植株高度，降低部位与喷药时期有关。化控时间一般以玉米展开叶 6~11 片为宜，可使株高降低 10~15cm，穗位降低 10~12cm，节间缩短，茎秆增粗，增强茎秆的韧性和强度，根系发达、抗倒伏能力增强；同时上部叶片收敛，塑造理想的丰产株形，通风透光条件改善。

二是根深叶茂，为提高单产提供物质基础。促进玉米根系发育，提高根系活力，气生根增加，增强根系吸收水分、养分的能力。耕层每立方米根干重比对照高，气生根增加 40% 左右，伤流量增加，显著提高根的吸收和支持能力。喷施田植株叶片肥厚，乳熟期叶面积指数比对照高，叶质重增加，叶绿素含量增加，光合速率增加，不仅增加了光合叶面积，也增强了光合能力，而且叶片不衰老，早衰株减少 3.5%~17.3%，有效光合时间延长，即延长了叶面积指数稳定期，因而增加了干物质的同化与积累。

三是促进生殖生长。可适度控制地上部过旺的营养生长，促进生殖生长，提高授粉率，使玉米双穗率提高 5%～13%，减少空秆2.5%～11.3%，减少小穗 2%～6.5%，在高密度下合理使用化控剂对玉米产量构成因子秃尖长度、穗粒数、穗粒重、百粒重都有一定改善。

四是促进生育，调节光合产物向籽粒中分配的比例，提高灌浆速率，提高百粒重，减少秃顶，提高经济系数，促进玉米早熟。应用化控剂可促进玉米提早成熟 2～3d，成熟期降低含水量 2%～7%，对缓解早霜危害有一定效果，提质作用明显。

二、玉米化控技术的要点

一是选地和田间管理。玉米化控适用于肥水条件较好的田块，还应注意提高播种质量和加强田间管理。化控药剂不能代替肥料，且要求的种植密度较高，在土壤瘠薄、气候干旱又不能保证灌溉的玉米田中不宜采用。在风灾严重、玉米易倒伏、生育后期气温偏低而不利于灌浆及实行大面积机械收获的地区使用化控技术更为有利。

二是增密种植。比常规大田每亩增 500～1 000株，这一密度较常规密度有较大的突破，生产中能否确保密度是获取增产的关键。

三是适期喷药。根据不同化控试剂的要求，按说明书在其最适喷药的时期喷施。大喇叭期喷药，在化控矮化植株的同时，对雌穗发育有一定抑制。过晚用药，对群体冠层结构的调控效果差。

四是掌握合适的施剂浓度。浓度过小效果不明显，浓度过大会产生药害。药液要随用随配，不能配后久贮，一般不能与其他农药和化肥混用。

五是喷洒方法。均匀地喷洒在上部叶片上，不重不漏，个别弱苗可避喷。

六是喷药后 6h 内如遇雨淋，可在雨后酌情减量增喷 1 次。

七是注意事项。施药时不要抽烟、喝水或吃东西。工作完毕后，应及时洗净手、脸等易于接触调节剂的皮肤以及被污染的衣物。

三、玉米化学调控应注意的事项

在化学调控技术应用过程中，常常出现缩小雌穗等现象，主要是使用不当造成的。喷施化控的原则是"喷高不喷低、喷旺不喷弱、喷黑不喷黄"。生产中要正确看待植物生长调节剂（PGRS）的作用。PGRS 的应用虽具有较大的生产潜力，但这并不是说它可以代替一切。首先它不是营养物质，其调节效应与土壤气候等外界环境条件、品种特性以及各项栽培措施密切相关，相互影响，而不是孤立起作用的"万灵丹"。只有在综合栽培措施的基础上，保证玉米正常的生长条件，针对生产中存在的主要问题，在关键时期，选择合适的剂型、适宜的浓度和剂量，PGRS 才能充分显示其效应，达到预期结果。其次，PGRS 具有敏感的选择性和局限，要充分考虑调节剂在调控植物生长发育的同时所带来的负面影响，只有全面了解其正面和负面作用，才能更好地运用于玉米生产。此外，推广应用PGRS 必须统筹考虑生物效应、生产效果和经济及社会效益的统一。往往一种生长调节剂可能对多种作物都有生物效应，但不一定都有生产效果，而有些化控技术生产效果很好，但因成本太高而经济效益不佳。另外，还应考虑残效和对环境的污染问题。

第三章　玉米田间管理

第一节　苗期管理

玉米从出苗到拔节这一阶段为苗期，一般经历 20~25d，苗期是玉米进行根、茎、叶等营养器官的分化和生长，雄穗开始分化的时期，植株的节数和叶片数是在这个时期决定的，当主茎基部第五节期伸长达 1cm 时，便是拔节期，苗期到此结束。

一、苗期气候条件

玉米苗期生长最适宜温度为 18~20℃，根系适宜生长的土壤温度为 5cm 地温 20~24℃；当幼苗时遇到 2~3℃ 低温影响正常生长，短时气温低于 -1℃，幼苗受伤，-2℃ 死亡。苗期生长最适宜土壤含水量为土壤田间最大持水量的 60% 左右，土壤含水量 12%~14%；土壤含水量低于 11% 或高于 20% 对出苗均不利。

二、间苗、定苗

及时间苗、定苗是减少弱株率、提高群体整齐度、保证合理密植的重要环节。因为玉米行距在播种时已经确定，但株距即每亩留苗多少，是完全决定于间苗、定苗这个关口的。因此，在进行间苗、定苗工作之前，一方面总结过去合理密植的经验；另一方面根据品种、地力、当年肥水条件及其他栽培管理水平，逐块分类定出合理的密度范围，保证每块做到因地制宜合理密植。

（一）间苗时间

玉米间苗和定苗时间的早迟对保证全苗壮苗关系很大。间苗、定苗过早时，苗势两极分化不明显，定苗后会继续出现病株、弱株、残株等；间苗、定苗时间过迟，会导致幼苗地下和地上部分相互拥挤，单株营养面积缩小，相互争肥、争水影响幼苗健壮生长，形成弱苗。因此培育壮苗要早间苗、早定苗。

间苗一般在 3~4 叶期进行，原则是间密留稀，间弱留壮。由于玉米在 3 叶期前后正处在"断奶期"，要有良好的光照条件，如果幼苗期植株过分拥挤，株间根系交错，会出现争水争肥的现象。玉米在 5~9 叶期间苗比 3~4 叶期间苗，每亩减产 14%~27%，因此，间苗工作应及早进行。

（二）定苗时间

在幼苗长到 5 叶时进行，定苗时应做到去弱苗，留壮苗；去过大苗和弱小苗，留大小一致的苗；去病残苗，留健苗；去杂苗，留纯苗，一次性留好苗。

（三）推迟间苗、定苗时间的情况

套种玉米通常草多、虫多、残伤苗多，土壤墒情差、虫害较重的田块。这些田块保全苗难度大，应适时间苗，适当推迟定苗时间，以避免出现死苗、缺苗，导致苗数不足，影响产量。掌握 3~4 片可见叶时间苗，5~6 片可见叶时定苗，但最迟不宜超过 6 片叶。

（四）注意事项

间苗、定苗的时间应在晴天下午，病苗、虫咬苗及发育不良的幼苗在下午较易萎蔫，便于识别淘汰。苗矮叶密、下粗上细、弯曲、叶色黑绿的丝黑穗侵染苗，应彻底剔除。

三、查苗、补苗

全苗是玉米丰产的基础，必须做好查苗补缺，确保全苗，凡是漏播的，刚出苗时要及时补种。所以玉米播种后应及时查苗、补苗。

为了补种后早出土，赶上早苗、补种的种子应先进行浸种催芽，以促其早出苗。但补种的玉米苗往往赶不上原来苗，造成大苗欺小苗，生长不齐，因此可在幼苗生长到 3.5~4 片叶时采取以密补稀移栽。如缺苗较少，可以带土移栽；如果缺苗在 10% 以上时，可囤苗补栽。所谓囤苗补栽，把大田间出来的苗放在阴凉处，根部用土封好，浇点水，经过 24h，生出新根，即可补栽。补栽苗要比缺苗地的苗多 1~2 片叶，并注意浇水。施少量化肥，促苗速长，赶上直播苗。移栽时间应在下午或阴天，以利返苗，提高成活率。

四、蹲苗促壮

蹲苗应从苗期开始到拔节前结束。蹲苗应按照"蹲黑不蹲黄，蹲肥不蹲瘦，蹲干不蹲湿"的原则。套种玉米播种生长条件较差，一般不宜蹲苗。苗期在短时含水量低于 11% 有利于蹲苗，所以，应抓好肥水管理工作，促弱转壮。

五、水肥管理

玉米苗期由于植株较小，叶面积不大，蒸腾量低，需水量较小。土壤含水量应保持在田间最大持水量的 65%~70%。玉米苗期有耐旱怕涝的特点，适当干旱有利于促根壮苗。土壤绝对含水量 12%~16% 比较适宜，土壤中水分过多，空气缺乏，容易形成黄苗、紫苗，造成"芽涝"，苗期遇大雨要注意排水防涝。

苗肥追施具有促根、壮苗，促叶、壮秆的作用。苗肥追施的方法、时间要根据苗情、土壤肥力等情况来定，对苗株细弱、叶身窄长、叶色发黄、营养不足的三类苗、移栽苗，同田生长高矮不一的弱苗要及早追施偏心苗肥，在幼苗长至 5 叶时用尿素兑水追施偏心肥，促使弱苗全田生长整齐一致。追施拔节肥可弥补土壤养分不足，促进玉米形成壮秆、大穗。拔节肥追施的时间是可见 6.5～7 片叶，播种后 35d 左右。拔节肥应以速效氮肥为主，亩追尿素 20kg，并进行培土。套种玉米通常幼苗瘦黄，长势弱，前作收后立即追施提苗肥。三类苗应先追肥后定苗，并视墒情及时浇水，以充分发挥肥效。

苗期追肥量，原则上磷、钾肥全部施入，氮肥追肥量因地、因苗确定。据研究，磷肥在 5 叶前施入效果最好，因此，磷、钾肥和有机肥应在定苗前后结合中耕尽早施入。因此，在 5 叶前及时开穴、沟，深施。亩施三元复合肥（氮∶磷∶钾 = 30∶5∶5）40～50kg 最适宜。施肥时切忌撒施在地表，因为直接撒在地表，一是会造成肥料挥发损失，二是会对作物形成肥害，使叶片发黄、变白，或根系腐烂，导致植株死亡。

六、中耕除草

中耕除草是苗期管理的一项重要工作，也是促下控上增根壮苗的主要措施。

（一）中耕除草

玉米出苗后，由于气温升高，杂草和幼苗同步生长，土壤水分蒸发量大，出现黄苗和死苗现象。早划锄除杂草使土壤疏松，流通空气，不但可以促使玉米根系深扎，而且还有利于土壤微生物活动，促进土壤有机质分解，增加土壤有效养分；同时还可以消灭杂草，减少地力消耗。在短期干旱时，中耕可以切断土壤毛细管，防止水分蒸发，起到防旱保湿的作用；在大雨久雨之后，中耕又起到散墒除涝的作用。因此，农谚有"秋收一张锄""锄头底下看年成"等说法，这正是我国农民在长期生产实践中对中耕的深刻体会。

玉米苗期中耕一般可进行 2~3 次。中耕深度一般应掌握"两头浅，中间深；苗旁浅，行中深"的原则。定苗以前幼苗矮小，可进行第一次中耕，中耕时要避免压苗。中耕深度以 3~5cm 为宜，苗旁宜浅，行间宜深。此次中耕虽会切断部分细根，但可促发新根，控制地上部分旺长。套种玉米田在苗期一般比较板结，在麦收后应及时中耕，去掉麦茬，破除板结。拔节期前后进行第二次中耕，此次中耕应深些，行间可达 10cm 左右。

(二) 化学除草

即在播种后出苗前地表喷洒除草剂，也可苗期进行。

1. 莠去津（阿特拉津）

每亩用有效成分 100g 加水 40~50kg 喷雾，在杂草出土前和苗后早期施药，可防除一年生禾本科杂草和阔叶杂草。

2. 乙草胺

每亩用有效成分 70g 加水 40~50kg 在玉米播种后，出苗前喷药，可防除一年生禾本科杂草。

3. 乙阿悬乳剂（乙草胺+阿特拉津）

每亩 250mL 加水 40~50kg，在播种后、出苗前喷药。

第二节　穗期管理

穗期阶段，是玉米从拔节至抽雄的一段时间，直播玉米一般需要 25~30d。拔节就是茎基部节间开始明显伸长，而抽雄是指雄穗开始露出剑叶（最后一片）。玉米中期阶段生育特点是营养生长和生殖生长同时并进，叶片增加增大，茎节伸长，营养生长旺盛，同时雌雄穗开始强烈分化。中期阶段是玉米一生中生长发育最旺盛的阶段。穗期田间管理的主要目标是促叶、壮秆、攻穗，即以促为主，促控结合，使玉米植株敦实粗壮，叶片生长挺拔有劲，雌雄穗的分化加快，营养生长和生殖生长协调，构建合理产量结构，力争打好丰收基础。

一、穗期的气候条件

（一）适宜气象条件

当日平均气温达到18℃以上时，植株开始拔节，最适宜温度为24~26℃；适宜的土壤水分为田间持水量70%左右。拔节后降水量在30mm，平均气温25~27℃，是茎叶生长的适宜温度。

（二）不利气象条件

气温低于24℃，生长速度减慢；土壤含水量低于15%易造成雌穗部分不孕或空秆。

二、中耕培土

中耕可以疏松土壤、铲除杂草、蓄水保墒、利于根系发育，同时可去除田间杂草，并使土壤更多地接纳雨水；培土则可以刺激次生根发育，有效地防止因根系发育不良引起的根倒。拔节至小喇叭口期（6叶展至10叶展）应进行深中耕，深度6~7cm，通过中耕，灭麦茬松土、除草，并可促进有机物质分解，改善玉米的营养条件，促进新根大量形成，扩大吸收营养物质范围，还能提高地温，可促进玉米健壮生长。

中耕和培土作业可结合起来进行，大喇叭口时期，结合施肥连续两次进行中耕培土，增厚玉米根部土层，利于气生根形成伸展，增强抗倒能力，培土高度以7~8cm为宜，行间深一些、根旁浅一些。排水良好的地块不宜培土太高，在潮湿、黏重地块以及大风多雨地区，培土的增产效果比较明显。培土对防倒抗倒供应营养物质以及防涝均有重要意义。

三、去分蘖

玉米每个节位的叶腋处都有一个腋芽，除植株顶部 5～8 节的叶芽不发育以外，其余腋芽均可发育；最上部的腋芽可发育为果穗，而靠近地表基部的腋芽则形成分蘖。由于玉米植株的顶端优势现象比较强，一般情况下基部腋芽形成分蘖的过程受到抑制，所以，生产上玉米植株产生分蘖的情况也比较少见。

(一) 玉米产生分蘖原因

1. 生长点受到抑制

由于玉米植株的顶端生长点受到不同程度的抑制，植株矮化而产生分蘖。例如，植株感染粗缩病，苗后除草剂产生药害，控制植株茎秆高度的矮化剂形成的药害，苗期高温、干旱造成的影响等都可能生成玉米分蘖。

2. 品种

品种之间存在着差异，有的品种分蘖多，有的品种分蘖少。

3. 土壤肥水力

土壤肥水力越高，分蘖越多，在生长初期的头几周内土壤养分和水分供应充足时，分蘖能最大限度地发出，分蘖性强的杂交种每株可能形成 1 个或多个分蘖，如果生长季早期环境适宜，即使在高密度下也仍能如此。

4. 密度低产生分蘖

稀植或在缺苗断垄，几乎所有的玉米杂交种的植株都能适时地利用土壤中有效养分和水分形成 1 个或者多个分蘖。同样的品种，种植密度小的时候，分蘖多些，反之，少些。

（二）玉米产生分蘖的应对措施

作为大田粒用玉米生产，田间出现分蘖后应该尽早拔除，拔除分蘖的时间越早越好，以减少分蘖对植株体内养分的损耗和对生长造成的影响。拔除分蘖的时间以晴天 9—17 时为宜，这样拔除分蘖以后形成的伤口能够尽快愈合，减少病害侵染和虫害为害的机会。但是，作为青贮玉米或青饲玉米生产的地块，田间出现分蘖以后，可以不拔除。

四、防止倒伏减产

倒伏尤其是中后期倒伏是限制玉米增产的主要因素。在种植耐密植抗倒伏品种、合理密植、合理施肥、中耕培土、及时去除小弱空株等措施的基础上，如发现密度过大、有严重倒伏危险的地块可提前喷施植物生长调节剂，如在孕穗前用 50% 矮壮素水剂 150mL，兑水 30kg 喷雾，加以预防。

五、抗旱防涝

玉米是需水量比较多而又不耐涝的作物，拔节后是攻大穗的关键时期，也是旱、涝、风、雹等灾害性天气多发季节，此时应抗旱、防涝一齐抓，做到旱能及时浇水，涝能及时排水。

（一）浇水

拔节孕穗期玉米生长迅速，肥水需求旺盛，而 7—8 月天气炎热，田间蒸发量大，及时灌溉是玉米夺取高产的重要保证。其中，大喇叭口期是玉米雌雄穗分化发育的关键时期，对干旱的反应最为敏感、耗水强度最大，是玉米全生育期的需水临界期，遇旱易形成"卡脖旱"，吐丝期干旱主要是影响玉米植株正常的授粉、受精过程，影响籽粒灌浆，使秃尖增多，穗粒数减少，千粒重降低，对产量影响很大。因此，玉米中期管理中要根据当时的天气情况灵活掌握，注意浇好"攻穗水"，避免"卡脖旱"，促进穗部发育，争取穗大粒多。

玉米中期浇水要进行 2 次：第一次在拔节前后浇拔节水，要浅（60m³/亩左右），土壤水分保持在田间持水量的 65%~70% 即可；第二次在大喇叭口期灌水，浇足（80m³/亩左右），土壤水分保持在田间持水量的 70%~80% 即可。

（二）防涝

玉米虽是需水分较多的作物，但玉米生育中期喜水但不耐渍，对土壤通气要求高，田间长时间积水易导致玉米生理代谢失调，植株干枯，严重影响产量，所以防涝也是玉米田间管理的重要内容，田间持水量超过 80% 时，就对玉米生长不利。一定要视土壤墒情合理排灌，保持较大的绿叶面积，促进营养器官中的养分向籽粒中转移，保证粒多、粒重，获取丰收。因此，秋田遇涝要及时开沟排水和中耕散墒，一般玉米田块要开通地头沟、地中沟和排灌沟，做到旱能浇涝能排。地中沟开沟方法为：玉米大喇叭口期，每隔 4 行玉米用犁开沟，开沟适当深一点，以能顺畅排灌为宜。

六、重视追施穗期肥

在玉米整个生育期中，穗期阶段对矿质养分的吸收量最多、吸收强度最大，是玉米吸收养分最快的时期，也是最重要的施肥时期。大喇叭口期（第 11 片至 12 片叶展开）是玉米追肥的重点时期，大喇叭口期追施氮肥，可有效促进果穗小花分化，实现穗大粒多。穗肥以速效氮肥效果为好。可根据地力、苗情等情况来确定施肥量，施肥量应占氮肥总施肥量的 60%~70%，一般每亩可追施尿素 25~30kg，尽量不要追施含有磷、钾的复混肥料。追肥方式可在行侧开沟或在植株一旁开穴深施或条施，施肥后覆土，最好结合灌溉或在有效降雨期间施用，以提高肥效，切忌在土壤表面撒施，以防造成肥料损失。

七、喷施叶面肥

如果前期连续低温，影响了玉米生育进程，可结合喷施杀虫剂喷施叶面肥，促进玉米的生长，还可以缓解除草剂对玉米的伤害；为防止后期脱肥，确保植株健壮生长，也可结合病虫防治进行叶面施肥，每亩用尿素 200～300g 加磷酸二氢钾 100～120g，兑水 30kg，再加入杀虫药兼防治喷施。

第三节　花粒期管理

玉米花粒期阶段，是指从抽雄到成熟期间的生长发育阶段，包括开花、散粉、吐丝、受精及籽粒形成，经历 50d 左右。这一阶段的生长发育特点是根、茎、叶等营养器官生长发育基本结束，由穗期的营养生长和生殖生长并进，转为以开花散粉、受精结实为中心的生殖生长时期，籽粒开始灌浆后，根系和叶片逐渐衰亡直至成熟，是形成产量、决定穗粒数和粒重的关键时期。

一、气候条件

（一）适宜气象条件

抽穗—开花期以月平均气温 25～28℃、空气相对湿度 65%～90%、田间持水量 80%左右为最好；抽雄前 10d 至抽雄后 20d，适合有机质合成、转化和输送的温度是 22～24℃，此期需水量占玉米整个生育期总需水量的 13.8%～27.8%。

灌浆阶段最适宜的温度条件是 22～24℃，快速增重期适宜温度 20～28℃，要求积温 380℃以上；最适宜灌浆的日照时数 7～10h；土壤含水量不低于 18%，此期需水量占玉米整个生育期总需水量的 19.2%～31.5%。

（二）不利气象条件

抽穗—开花期高于35℃，空气相对湿度低于50%、土壤含水量低于15%，易造成捂包或花丝的枯萎；若气温低于24℃，则不利于抽雄，阴雨或气温低于18℃，将会造成授粉不良。

灌浆阶段，16℃是停止灌浆的界限温度，遇到3℃的低温，即完全停止生长，影响成熟和产量；气温高于25℃，则呼吸消耗增强，功能叶片老化加快，籽粒灌浆不足。

二、追施攻粒肥

玉米生长后期叶面积大，光合效率高，叶片功能期长，是实现高产的基本保证。而玉米绿叶活秆成熟的重要保障之一就是花粒期有充足的无机营养。因此，为保持叶片的功能始终旺盛，防止早衰，应酌情追施攻粒肥。攻粒肥一般在雌穗开花期前后追施，追肥以氮肥为主，追肥量占总追肥量的10%~20%，并注意肥水结合。若此期发现缺肥，应及时补追氮素化肥。每亩施尿素5~10kg，能起到促进籽粒灌浆、提高结实率和粒重的目的，千粒重可增加22g左右。

还可采用叶面追肥的方法快速补给。可用200~300g的尿素和500~800g的过磷酸钙或30~60g磷酸二氢钾，兑水30kg叶面喷施，以维持和延长中下部及穗位以上叶片的功能时间，制造更多的碳水化合物，促进籽粒形成，并使籽粒饱满，千粒重增加。

三、及时浇水

玉米抽雄至开花期是需水高峰期，土壤相对含水量要达到80%左右；籽粒形成至蜡熟期需要充足的水分，此期土壤相对含水量以70%~75%为宜。尤其是抽穗前后如干旱缺水，将造成大幅度减产，甚至绝收，这就是所谓"卡脖旱"，即雄花穗因过于干旱，花序难以抽出，或勉强抽出却因干旱而枯死，农民俗称"晒花"，故抽穗前如干旱必须及时灌溉，抽穗后灌浆的乳熟期，同样不可受旱，如逢天旱，也应适量灌溉才能保证稳产高产。若土壤含水量低于下限就应浇水，遇涝应及时排水，灌浆期灌水可以增强玉米植株活力，提高玉米叶片的光合作用和结实率，促进营养物质向穗部转移，以及果穗的整体发育，防止果穗顶端籽粒败育，可增产13%~25%。

该阶段应该根据天气、墒情等环境条件，浇好2次水。第一次在开花至籽粒形成期，是促粒数的关键水，充分供给水分，对提高花粉生活力和受精能力、增强玉米结实力、减少秃顶缺粒有重要作用；第二次在乳熟期，是增加粒重的关键水。

同时，如果降雨多，土壤和空气湿度大，甚至出现田间渍水，根系活力受阻，不利于开花授粉，影响授粉受精；籽粒灌浆过程中，如果田间积水，应及时排涝。因此，大雨过后应及时查田清沟，排除田间渍水，防止涝害。

四、去雄

每株玉米雄穗可产2 500万~3 700万个花粉粒。1株玉米的雄穗至少可满足3~6株玉米果穗花丝授粉的需要。由于花粉粒从形成到成熟需要大量的营养物质，为了减少植株营养物质的消耗，使之集中于雌穗发育，可在玉米抽雄始期（雄穗刚露出顶叶，尚未散粉之前），及时地隔行（株）去雄，即每隔1行（株）拔除1行（株）的天花，让相邻1行（株）的天花花粉落到拔掉天花的玉米植株花丝上，使其形成异花授粉，一般不超过全田株数的1/2。这样能够增加果穗穗长和穗重，双穗率有所提高，植株相对变矮，田间通风透光条件得到改善，提高光合生产率，因而籽粒饱满，提高产量。据试验，玉米隔行（株）去雄可增产10%左右。靠田边、地头处不要去雄，以免影响授粉。去雄时应尽量少带叶或不带叶，以免减产。抽出的雄穗应扔于田外集中处理，因其上有玉米螟等病虫，不可扔于田间。

五、人工辅助授粉

玉米是同株异花作物，天然杂交率很高，不利的气候条件常常引起雌雄脱节而影响正常的授粉、受精过程，使穗粒数减少，最终导致减产。在玉米抽雄至吐丝期间，低温、寡照以及极端高温等不利天气条件均会导致雌雄发育不协调，特别是吐丝时间延迟，影响果穗结实。在出现上述天气情况时，可在散粉期间采用人工辅助授粉的方法来弥补穗顶部迟出花丝的授粉，克服干旱或降雨过多等不利因素的影响，提高玉米植株结实率、减少秃顶、增加穗粒数，实现粒大粒饱，达到增产。

进行人工辅助授粉，一种做法是可在早晨花粉散花时，摘取2~3个雄花穗分枝，把花粉抖落在雌穗花系上，一般可连续进行2~3次。另一种比较简单的做法是，在两个竖竿顶端横向绑定一根木棍或粗绳；在有效散粉期内，两人手持竖竿横跨几行玉米顺行行走，用横竿或粗绳来击打雄穗，帮助花粉散落。人工辅助授粉过程宜在晴天9—16时进行。

六、防治玉米倒伏

由于秋季多风，往往造成玉米倒伏，因此，在玉米追肥后要及时培土，防止倒伏的发生。培土能增加玉米气生根的形成，增强玉米抗倒伏性能。

若玉米生长期出现倒伏现象将严重影响产量，严重的可造成绝收。玉米生长发育后期倒伏多为根倒，由于上部较重，植株很难直立，必须在暴风雨过后立即扶起，时间拖延越长，减产越重。在扶起时，要使茎秆与地面形成适当角度。若扶得过直，伤根多则减产加重。根据以往经验，玉米根倒扶起的适宜角度为30°~50°，扶起的时间越早越好，扶起的同时要将玉米根部用土培好。

七、去除空秆、病株和无效穗

在玉米田内，总有一定数量的植株形成不结果穗的空秆或低矮小株，它们不但白白地消耗养分，而且还会影响其他植株的光合作用。对这样"花而不实"的植株，一定要结合去雄和人工授粉等工作，及早将其拔掉，还要注意拔除病株、小株、弱株、杂株和分蘖，从而把有限的养分集中供应给正常的植株。玉米可长出几个果穗，但成熟的只有 1 个，最多是 2个。为促早熟增产，每株玉米植株最好保留最上部的 1 个果穗，其他全部除掉，但要注意，在掰除玉米多余穗时，不能损伤和掰除穗位叶，否则会得不偿失。这样可以改善田间通风透光条件，减少肥料消耗，利于植株正常生长发育，促使大穗大粒的形成，提高产量。

八、适时收获

玉米最佳收获期为生理成熟期，即玉米籽粒基部和穗轴交界处出现黑层，籽粒乳线消失，果穗苞叶黄白并松散，植株的中下部叶片变黄，基部叶片干枯，同时籽粒变硬并呈现出品种固有的色泽，含水率降至 30% 以下。根据品种特性、茬口要求和天气条件适当晚收，以延长 10d 左右收获为宜。黄淮海北片宜 10 月 5—10 日收获、不迟于 10 月 15 日，黄淮海南片可延迟到 10 月 10—20 日收获、不迟于 10 月 25 日，充分发挥品种高产潜力，加速果穗和籽粒脱水，降低机收损失率，确保丰产丰收。一般日均温达 16℃ 以下玉米灌浆速度明显下降，14℃ 以下灌浆基本停止，再推迟收获时间意义不大。注意观察茎秆活棵持绿程度，避免过晚收出现脆折倒伏，增加收获难度且籽粒容易发霉腐烂。

第四章 玉米绿色优质高产栽培模式

第一节 玉米地膜覆盖栽培技术

一、选择适宜品种

选择种植抗病、优质、高产品种是获得玉米增产增收的先决条件，地膜覆盖栽培增产的内部因素是品种和种子质量，而选好优良适宜品种是玉米地膜覆盖栽培成功的一个重要环节。

玉米地膜覆盖栽培技术最突出的效应是可以弥补温、光、水资源的不足，一般可增加积温200~400℃，并增强玉米耐霜冻的能力，相对延长无霜期，因此可选用生育期较长、增产潜力大、发芽率高、适应性强的晚熟高产杂交品种。

二、适时播种

运用玉米地膜覆盖栽培技术可以使玉米播种期提前、生育进程加快、早出苗、早成熟。

玉米地膜覆盖栽培的增温效果主要在前期，一般比露地玉米栽培要早播7~15d，当耕层5~10cm深、温度稳定在8~10℃时就可播种，注意化肥与种子不要接触，以免影响种子发芽出苗。最好等雨水透地后抢墒播种，以防止过早播种接不上雨水而造成玉米缺苗或苗弱。播种行向，可采用顺风种植，减少风力接触面，防止揭膜。

播种的每塘种子的数量要均匀，籽粒不能堆积，更不能播在塘壁。盖土厚度一般以 3~4cm 为宜，盖土过厚，苗难出土；盖土过薄，胚芽易被灼伤，失去发芽力，造成缺塘。

为了防治地下害虫的发生，播前用 50% 辛硫磷种子重量的 0.14%~0.2% 拌种；用 20% 粉锈宁 150~200g 加水 1.5~2.5kg 拌在 50kg 种子上，以防治丝黑穗病。

三、精细整地

播种前的整地是提高盖膜质量和提高盖膜效果的关键，应选择地势平坦、肥力条件较好且土层深厚、土质疏松、排灌条件较好的土壤地块。

整地时要做到土细墒平、无大块坷垃；要做好排涝沟，做到排水通畅，不发生涝害。将地块耙细整平后，要按种植规格拉绳施入底肥，然后提土盖肥成墒，墒高 8~10cm，墒宽 50cm，要求墒平土细，盖膜时才能做到平整贴土。

四、盖膜

由于是在地面覆盖很薄的地膜，在农作物整个生长期中要保持地膜完好，地膜质量的好坏是地膜覆盖栽培成败的关键。

规范化宽窄行种植玉米以选用横纵拉力强、透明度好、不易老化、幅宽 80cm、厚度 0.005~0.008mm 的低压高密度聚乙烯无色透明地膜为宜。

盖膜前要将秸秆、石块等杂物清除干净，打碎土块，以免划破或顶起地膜。盖膜时一定要严密，要保证覆盖质量，做到严、紧、平、宽的要求。膜的四周各开一条浅沟，把地膜用土压紧、压严，以防大风揭掉地膜，但膜边压土不宜过多，以最大限度地保持膜面宽度，扩宽采光面。

盖膜的方式有两种，一种是先盖膜后播种，另一种是先播种后盖膜。玉米覆盖地膜方法要根据土质、土壤墒情和劳力而定，否则就会导致浪费劳力和出苗后因破膜不及时造成烧苗。

五、合理施肥

地膜覆盖栽培是一项省工栽培技术，在作物生长期中，一般不追肥或少追肥，肥料在整地作畦时分层施下大部分或全部肥料。要因地、因种、因长势确定合理施肥量，防止玉米早衰和贪青。

由于玉米覆盖地膜后，地温升高，水分充足，微生物活动旺盛，土壤养分分解快，在玉米全生育期会给中后期追肥带来困难，因此播种必须施足底肥，做到氮、磷、钾三要素齐全。基肥以农家肥为主，化肥施用遵循"底肥重磷、追肥重氮"的原则进行，既可防止玉米苗期徒长，又能防止后期不脱肥，保证玉米后期正常生长。一般亩用腐熟的农家肥1 500～2 000kg，磷肥25～30kg，尿素10kg，农家肥以分层施用最好。在施肥方法上改化肥表施为深施，提高化肥施用效果。

六、田间管理

经常检查地膜，播种后如发现地膜有破损通风的地方，要及时用细土封闭。

在玉米播后7～10d如发现幼苗接触地膜就应破膜放苗，选择在阴天突击放苗或无风晴天的10时前、16时后进行，不能在晴天高温或大风降温时放苗。苗放出膜后，用细湿土把放苗口封严，以防透风漏气、降温跑墒和杂草丛生。

根据玉米需水规律，为防止幼苗在高温、高湿、高肥的条件下徒长和后期早衰，前期要注意控水，幼苗成长中期耗水量多且蒸腾量大，要适当增加灌水量，但不能漫灌。

仅靠底肥难以满足玉米生长后期对肥料的需求，因此最好在大喇叭口期扎眼追肥，追肥的数量一般为玉米总需肥量的30%～40%，以氮肥为主。

可以利用膜内高温灼死杂草幼苗，也可以在播种后盖膜前在垄面边喷药边盖膜，除草剂一般选择阿特拉津、扑草净等，或是进行中耕除草。

病虫害的防治。病害包括玉米丝黑穗病、玉米大斑病、玉米小斑病、灰斑病、纹枯病、锈病等；虫害有蛴螬、地老虎、玉米螟、黏虫、蚜虫等，具体可参照植物病虫害防治技术进行操作。

七、清除地膜

为有效保护农田生态环境，在玉米收获后要彻底清除废旧地膜，净化土壤，防止农田污染。

八、收获

玉米成熟后抓住天晴的有利时机及时收获，防止玉米在田间发芽霉变，造成不必要的损失。

只有熟练地掌握好地膜玉米覆盖栽培技术，改善玉米的生长发育条件，才能使玉米增产增收成为可能。

第二节　大豆玉米带状复合种植模式

一、大豆玉米带状复合种植模式概述

大豆玉米带状复合种植技术是一种有效的农业生产模式，以最大化土地利用和提高农田综合效益为目标。该技术的核心思想是将大豆和玉米结合在一起，通过合理的带状布局，实现两者相互促进、互补生长的良好效果。在这一模式下，大豆与玉米的生长周期、光合作用和养分吸收得到充分协调，最大限度地提高土地的资源利用效率，提高整体农田的产量和经济效益。

该种植技术还有助于降低农业生产中的化肥和农药使用，

推动农业可持续发展。在实施过程中，重要的推广措施包括科学合理的种植设计、定期的技术培训以及农民间的经验交流，以确保该技术在更广泛的范围内取得良好的推广效果。

二、大豆玉米带状复合种植技术的技术要点

（一）地块选择与耕整土地

根据土壤类型和 pH 值，优先选择土壤疏松、排水良好的地块，确保作物生长所需的基础条件。同时，土地耕整可确保土壤质地适宜，并通过加入有机物质和合理施用肥料来改良土壤结构，有助于提高作物的吸肥能力和水分保持能力。

（二）品种选择

根据当地的气候特点，合理选择大豆和玉米的品种是保障高产的关键。针对温暖季节和降雨分布情况，选用抗旱耐寒、适应性强的品种。

（三）田间种植配置与合理密度

在田间种植配置与合理密度方面，使大豆和玉米相互交错，形成互惠互补的生态格局。合理的种植密度应控制在大豆每亩 8 万~10 万株，玉米每亩 2.5 万~3 万株，可以实现地块利用最大化，提高整体产量。

（四）播种时期及播种方式

根据地区的气候特点，最佳的播种时间通常为每年 4 月中旬至 5 月初。此时，气温稳定，有助于作物迅速出苗生长。同时，根据多年的气象数据分析，在这个时段内降水相对较稳定，有利于保证播种后的水分供应。同时，采用科学合理的播种方式是保障作物正常生长的关键。应采用精准定植技术，确保每株作物之间的距离均匀，以提高作物的生长均匀性。据实测，大豆的最佳行距为 30cm，每株大豆的间距为 5~8cm，而玉米的最佳行距为 60~75cm，每株玉米的间距为 20~25cm。

此外，结合机械化播种技术，确保播种深度适中，一般控制在3~5cm。通过实时监测土壤湿度和温度，调整播种深度，以适应不同土壤状况，提高作物的发芽率和生长势。

（五）田间管理

及时科学地施肥是确保大豆玉米带状复合种植技术高产的重要步骤。推荐在大豆的生长初期和玉米的拔节期进行追肥。大豆追肥时，每亩适宜施用氮、磷、钾肥约为15kg、5kg、10kg，而玉米追肥时，每亩适宜施用氮、磷、钾肥约为30kg、15kg、15kg。这样的施肥方案有助于满足作物在不同生育阶段的养分需求，提高产量。同时，实施科学的灌溉管理。首先，要保证播种后的浇水充足，以促进大豆和玉米的顺利出苗。然后，根据作物的生育期和土壤水分含量，合理确定灌溉的频次和用水量。根据实际调查数据，适度增加灌水频次，采用滴灌或渗灌技术，可显著提高水分利用效率，减少水分浪费。此外，密切关注病虫害情况。根据历年防治数据，建议在作物生长的关键时期，如拔节期和花期，进行定期的病虫害监测，并根据监测结果选择合适的农药进行喷雾防治。通过及时的病虫害防治，可有效减少产量损失，提高作物的品质和经济效益。

三、大豆玉米带状复合种植技术推广措施

（一）推进示范基地建设

首先，在推进示范基地建设方面，可以通过与当地农业科研机构、农业企业等合作，选择具有代表性和示范意义的农田，进行全方位的技术展示。通过设置专业化的示范农田，展示大豆玉米带状复合种植技术的科学布局、种植密度、施肥灌溉等关键技术要点。其次，配备专业技术人员进行现场指导，解答农民在实践中遇到的问题。同时，建立农民培训体系，通

过定期组织技术培训班、座谈会等形式，向农民普及大豆玉米带状复合种植技术。在培训中，着重强调技术的实际操作，通过模拟实操和案例分析，使农民更好地理解和掌握技术要点。此外，采用先进的宣传手段，如制作宣传册、展示视频等，以直观形象的方式向农民展示技术的实施效果和经济效益。通过多媒体形式，加强对大豆玉米带状复合种植技术的宣传，提高农民对新技术的认知度。

（二）完善适用机具配套

首先，通过与农机企业合作，确保适用于大豆玉米带状复合种植技术的现代农业机具的供应。在这一策略中，可与当地农机生产商建立战略合作伙伴关系，共同研发和改进适用于该技术的农业机械。通过与企业的紧密合作，确保农机的技术水平和性能能够满足当地农田的实际需求。同时，推动政府出台相关政策，鼓励和支持农民购置适用的农业机具。政府可以通过提供财政补贴、优惠贷款等方式，降低农机购置的经济门槛。这样的政策措施将激发农民购置先进机具的积极性，推动大豆玉米带状复合种植技术的机械化应用。此外，建立农业机械合作社，集中购置适用的农机设备，并向农民提供机械化服务。合作社可以通过规模效应，更加经济高效地获取农业机械设备，并将其提供给农民使用。这一模式不仅减轻了农民的购机负担，还能提高机械设备的利用率，推动农业机械在大豆玉米带状复合种植技术中的普及。

第三节　青贮玉米的复合种植技术

青贮玉米的复合种植技术是一种综合性的农业种植策略，通过将青贮玉米与其他作物巧妙搭配种植，实现资源的优化利用和农业生产效益的提升。

一、青贮玉米与豆类的复合种植技术

（一）品种选择

1. 青贮玉米

应挑选生长迅速、植株高大、茎叶繁茂、生物产量高且抗倒伏的品种，如北农青贮208。

2. 豆类

选择具有良好固氮能力、适应本地气候和土壤条件的品种，如黑豆1号。

（二）种植模式

1. 间作

按照2行青贮玉米、2行豆类的方式进行种植，行距分别为60cm和40cm，株距根据品种特性而定，通常青贮玉米株距25cm左右，豆类株距15cm左右。

2. 套作

先种植青贮玉米，待其生长到一定阶段（如5~6叶期），再在行间套种豆类。

（三）田间管理

1. 施肥

基肥以有机肥为主，配合施用复合肥。青贮玉米在大喇叭口期追施氮肥，豆类则注重磷钾肥的补充。

2. 灌溉

根据土壤墒情和作物生长需求合理浇水，尤其在青贮玉米的拔节期和灌浆期、豆类的开花结荚期保证充足水分。

3. 病虫害防治

定期巡查，针对青贮玉米常见的玉米螟、纹枯病和豆类的豆荚螟、锈病等及时采取防治措施。

二、青贮玉米与牧草的复合种植技术

(一) 品种搭配

1. 青贮玉米

可选用植株高大、分蘖能力强的品种，如新饲玉 12 号。

2. 牧草

如墨西哥玉米草、甜高粱等。

(二) 种植方式

1. 混播

将青贮玉米和牧草种子按照一定比例混合均匀后播种。

2. 轮作

先种植一季青贮玉米，收获后再种植牧草。

(三) 管理要点

1. 施肥

根据土壤肥力和作物生长情况，合理施用氮、磷、钾等肥料。

2. 收割

青贮玉米在乳熟末期至蜡熟初期收割，牧草根据生长情况适时收割，一般可多次收割。

三、青贮玉米与蔬菜的复合种植技术

(一) 品种组合

1. 青贮玉米

选择生育期适中、抗逆性强的品种，如豫青贮 23 等。

2. 蔬菜

如胡萝卜、芥菜等。

(二) 种植安排

1. 带状种植

将土地划分成若干条带，每条带种植一行青贮玉米，两侧种植蔬菜。

2. 立体种植

利用不同作物的高度差异，青贮玉米种植在下层，蔬菜种植在上层，如搭架种植豆角等藤蔓蔬菜。

(三) 注意事项

蔬菜的种植密度要适当，避免影响青贮玉米的光照和通风。

注意蔬菜的施肥和病虫害防治，避免对青贮玉米造成影响。

四、青贮玉米与薯类的复合种植技术

(一) 品种选择

（1）青贮玉米。如京科青贮 932 等。

（2）薯类。红薯如商薯 19 等，马铃薯如克新 1 号等。

(二) 种植模式

1. 垄作

先起垄种植薯类，待薯类植株长到一定程度后，在垄沟种植青贮玉米。

2. 畦作

将土地整成畦，薯类种植在畦的一侧，青贮玉米种植在另一侧。

（三）田间管理

薯类要注意及时中耕培土，防止块茎外露变绿。青贮玉米要及时去除分蘖，保证主茎生长。

五、青贮玉米与油料作物的复合种植技术

（一）作物搭配

（1）青贮玉米。如辽单青贮 529 等。

（2）油料作物。如花生、芝麻等。

（二）种植顺序

先播青贮玉米，待其长到一定高度后，在行间播种油料作物。也可以同时播种，但要注意调整株行距，保证两者生长空间。

（三）管理重点

青贮玉米要注意控制株高，防止倒伏。油料作物要及时打顶控旺，促进结实。

第四节 玉米"一防双减"技术模式

一、"一防双减"实施背景

（一）玉米中后期病虫发生重、威胁大

玉米中后期是产量形成的关键时期，也是多种病虫的集中发生期，具有暴发强、为害重、防治难的特点。

如玉米螟连年重发生，一般田块二代虫株率 20% 以上，三代茎秆钻蛀率 60% 以上，严重影响养分输送、遇风折断倒伏。黏虫是间歇性、大区域迁飞性害虫，一旦控制不力，损失会达到 50% 以上甚至绝收。近年来棉铃虫、桃蛀螟、斜纹

夜蛾、蚜虫等暴发性、杂食性害虫,在玉米后期为害逐年加重并将持续发生,尤其为害玉米雌穗,直接降低产量。玉米大斑病、小斑病、褐斑病、弯孢霉叶斑病、锈病、顶腐病等病害,发生流行程度整体呈加重趋势,常导致叶片早衰或枯死,有效生长期缩短,籽粒灌浆不良,影响玉米产量和品质。

(二) 玉米中后期病虫防控难、防控少

做好中后期病虫的防控对玉米增产、农业增效意义重大,但作业难的问题一直困扰着防治工作开展,玉米中后期病虫防控难成为玉米生产的瓶颈问题。

1. 防治技术性强

玉米生育期一般 110d 左右,但是只有前 1/3 的时间能够进地开展防治活动,其他 2/3 的时间开展防治极其困难。要利用有限的防治适期,兼顾整个生育期多种病虫,必须选择对路药剂、掌握用药时机、确定施药方法、明确用药剂量等,技术性极强,农民很难掌握。

2. 施药作业困难

尤其是玉米抽雄后,株高行密,一般玉米田亩株数都在5 000株左右,喷药机械很难进地。再加上一般田块没有地头和生产路,大型作业机械根本没法作业。此期又正值高温季节,易造成人员中毒,绝大部分农民因此放弃防治。

3. 防治成本较高

由于农村劳动力转移、农村劳动力缺乏、农民队伍人员能力较差、人工成本不断高涨、种粮效益偏低等原因,农民没有防治积极性。

二、"一防双减"技术内容

玉米中后期病虫"一防双减"控制技术,即坚持"预防

为主、综合防治"方针和"公共植保、绿色植保"理念，以提高防效、减少用药、降低成本、保障生产为目标，针对玉米中后期主要病虫害（玉米褐斑病、弯孢霉叶斑病、大斑病、小斑病、锈病等玉米病害和玉米螟、黏虫、棉铃虫、蚜虫、桃蛀螟等害虫），在玉米大喇叭口至雌穗萎蔫期，科学选用高效长效药剂，使用大型机械或飞防普遍用药防治1次，减轻病害流行程度，减少后期穗虫基数，实现防灾减灾、保产增产。

三、"一防双减"技术路线

（一）加强田间监测，掌握病虫发生动态

针对玉米中后期发生的病虫害，如玉米褐斑病、弯孢霉叶斑病、大斑病、小斑病、锈病、玉米螟、黏虫、棉铃虫、蚜虫、桃蛀螟等，强化系统调查，广泛大田普查，加强会商分析，准确掌握发生发展动态，指导科学确定防治方案。

（二）结合病虫实际，合理确定药剂种类

根据当地主要病虫害发生情况选择适宜的杀菌剂和杀虫剂，确定合理剂量，考虑增施生长调节剂，形成科学配方和采购方案。"一防双减"在正常年份是玉米整个生育期的最后一次普遍用药，为保证控制效果，使用防效高、持效期长的药剂。

防治病害可选用药剂有吡唑醚菌酯、戊唑醇、苯醚甲环唑、唑醚·氟环唑、苯甲·丙环唑等。防治害虫可选用药剂有阿维菌素、甲氨基阿维菌素苯甲酸盐、高效氯氰菊酯、氯虫苯甲酰胺、毒死蜱、氟铃脲、氯虫·噻虫嗪。也可选用芸苔素内酯等生产调节剂。

（三）实行统防统治，开展专业化防治作业

"一防双减"时效性强，为提高防治效率和效果，全部采

用统防统治的作业方式。筛选规模较大、运作规范、装备水平高、作业能力强的专业化防治组织承担"一防双减"任务，采用适宜的大型地面机械或植保无人机，由专业化防治服务组织统一防治。根据专业化防治服务组织能力和布局，分解落实作业面积、区域。

承担任务的专业化防治组织提早做好统防统治作业方案，签订作业合同，规范作业流程，确保作业效果。

（四）加强技术培训和指导，提高作业效果

在玉米大喇叭口期之前，各级专业技术人员深入田间地头和植保服务组织，指导农民和各种形式的专业化植保服务组织开展防治作业，及时帮助解决作业中遇到的技术难题，调查防治效果。喷施作业时注意天气，最好选择下午、晴天作业，雨天喷施或喷后下雨均影响效果。兑好的药液要当天用完，并注意作业防护，防止中毒、中暑事故发生，保障"一防双减"顺利实施。

第五节　鲜食糯玉米高效生产技术模式

鲜食糯玉米是一种集"蔬、果、粮"兼用、"种、养、加"于一体的高效生态作物，具有串联一二三产业的优良属性。鲜食糯玉米籽粒中含有丰富的营养成分和膳食纤维，是一种理想的全谷物健康食品。糯玉米在我国主要以青穗食用为主，鲜果穗在乳熟期采摘后，植株茎秆仍鲜嫩多汁，富含碳水化合物、粗蛋白、脂肪等营养物质，也是一种数量巨大、饲用价值极高的饲料资源。鲜食糯玉米因其黏软清香、营养丰富、适口性好备受消费者青睐，市场需求与日俱增。同时，与籽粒饲料玉米相比，鲜食糯玉米生产周期短、经济附加值高，种植面积也逐年增加。

一、播前准备

（一）翻整土地

鲜食糯玉米抗逆性与饲用玉米相比较差，因此糯玉米萌发和生长对土壤状况及松软程度的要求更高，田间土块较大或土壤较硬均会影响糯玉米出苗和后期长势。翻耕整地是鲜食糯玉米高产栽培技术中的重要一环，生产者需根据土壤状况对土壤进行不同程度的翻耕。对于冬闲田，可利用旋耕机适当深翻，耕深在 20 ~ 25cm，做到耕作层深浅一致、无漏耕重耕现象，播种前视天气和土壤墒情可再次旋耕，做到耙碎平整，确保田间无较大土块；对于有前茬的田块，耕深 15 ~ 20cm，精耕细耙。在一些土质较为松软、土壤肥水条件较好的田块，可直接免耕播种，减少耕作对土壤耕层的破坏。

（二）种子处理

播前认真选种，选用饱满度好、纯度及整齐度高的种子，以提高出苗率和群体整齐度；同时为减少苗期玉米蚜虫及叶斑病、纹枯病等病虫害，可采用 5.4% 吡虫啉·戊唑醇等高效低毒安全的种衣剂均匀包衣，然后在晴朗天气晒种 2 ~ 3 次，提高出苗率，保证苗齐、苗壮。

（三）隔离种植

为保证商品果穗外观品质和鲜食品质，可采用空间隔离、时间隔离或屏障隔离等方式与其他品种隔离种植，防止飞花串粉，影响糯性。屏障隔离主要是利用高秆植物、房屋或林带等进行隔离种植；空间隔离是要求与饲料玉米或其他类型的鲜食玉米隔离种植 300m 以上；时间隔离则是采用错期播种的方式进行，春播需错期 25d 以上，夏播 15d 以上。

（四）适期播种

对于露地直播，春季过早播种，地表温度太低会影响鲜食糯玉米的出苗率。当土壤耕层 5~10cm、地温稳定在 10℃ 以上时即可播种，若采取地膜覆盖可相应地提早 6~8d 播种；为进一步降低劳动力成本，可采用旋耕灭茬玉米精播种机进行播种，该机具可保证将肥料与土壤充分混合，避免肥料过度集中，出现烧苗情况。为增加种植效益，可通过设施条件实现早春促早、秋季延后播种。早春设施栽培即采用 128 孔塑盘育苗，然后进行幼苗移栽。大棚双膜栽培可于 2 月底至 3 月上旬育苗，待幼苗 3 叶 1 心时采用全自动移植机 1 次完成垄上移栽、覆土、压实等作业。秋播最迟播种期应控制在 8 月 10 日之前，若迟于此日期播种，糯玉米生长后期宜采用塑料大棚覆盖增温的方式，提高结实率和灌浆程度，以提升果穗产量和品质。

（五）合理密植

为保证鲜食糯玉米果穗的商品率，种植密度需根据选用的品种特征和土壤肥力水平确定。

同时，鲜食玉米种植时需要对行距和株距进行控制，一般来说可采用宽窄行播种，宽行 80cm，窄行 40cm，株距 30cm左右。

二、田间管理

（一）播种期

为提高鲜食糯玉米产量和品质，在播种前可增施 7 500~15 000kg/hm² 有机肥和 320~450kg/hm² 氮磷钾复合肥作为底肥，具体施用量视土壤肥力状况决定。选用轮式拖拉机带牵引式的有机肥撒施机，操作过程中进行作业速度的调整，以达到最高效率和效果，确保有机肥撒施均匀。在田间土壤湿度不足的情况下，播种时应酌情造墒，浇好蒙头水，创造良好的墒情，提高糯玉米种子萌发率。此外，为控制田间杂草，可选用

40%乙莠水悬浮乳剂3 000~3 750mL/hm²或50%乙草胺乳油2 250~3 000mL/hm²进行封闭除草。

（二）苗期

在播种1周后，应顺垄观察出苗情况，如有缺苗，一般采取浸种催芽播种和移苗补栽的方式补种。

移苗补栽一般要求在3叶期内，以免影响成活率，移栽后要浇足定根水。当幼苗生长至3~4叶时及时定苗，每穴留1株。中耕有利于疏松土壤，苗期中耕便于根系生长和去除田间杂草，中耕深度以3~5cm为宜，过深可能会伤害幼苗根系。苗期适宜60%~75%的土壤相对含水量，若低于该标准，应及时酌情灌溉。玉米苗期是对田间涝渍最敏感的时期，田间应做好"三沟"配套，雨后及时清沟排水。苗期田间的主要虫害为地老虎和甜菜夜蛾等；地老虎防治可用4.5%高效氯氟氰菊酯乳油40~60mL/亩兑水30~45kg/亩喷雾于植株和周围的土面上，或者用40%辛硫磷500mL/亩拌豆饼（麦麸）沟施进行诱杀；甜菜夜蛾可用2.5%溴氰菊酯乳油进行防治。

（三）穗期

穗期是玉米生长发育最旺盛的阶段，该期主攻目标是促叶秆争大穗，奠定高产基础，而充足的肥水供应是确保大穗高产的基础。这一时期需根据玉米田间长势和底肥施用情况追肥，对于长势较差的田块可追施300kg/hm²尿素。此期玉米生长对水分要求也较高，田间土壤湿度应保持在80%左右，如遇干旱天气应及时灌溉。大、小喇叭口期是防治玉米螟的关键时期，小面积田块可用3%辛硫磷颗粒剂、3%氯菊·毒死蜱颗粒剂等防治；大面积田块可使用大疆T30植保无人机混喷苏云金杆菌、氯虫苯甲酰胺等高效低毒杀虫剂、杀菌剂，防治玉米成株期大斑病、小斑病、弯孢叶斑病、锈病及玉米螟、桃蛀螟、蚜虫和草地贪夜蛾等病虫害。

（四）花粒期

鲜食糯玉米花粒期是糯玉米一生中需水的高峰期，要做到肥水结合，提升光合效率，延长叶片功能期。高产田可适量追尿素 $75\sim150kg/hm^2$，为籽粒灌浆提供充足养分，对灌浆期表现缺肥的地块还可以喷施磷酸二氢钾或玉米专用氨基酸叶面肥。该时期的土壤相对含水量以 $70\%\sim75\%$ 为宜，如遇干旱或洪涝要及时排灌水。此期主要虫害有玉米螟、黏虫、蚜虫等，可利用微生物制剂苏云金杆菌（Bt）进行灌心防治玉米螟，也可配合使用杀虫灯、糖醋液、性诱剂等物理方法诱杀黏虫、蚜虫等害虫。此期是玉米田间锈病的高发期，发病早期可用25%粉锈宁可湿性粉剂进行防治。

（五）成熟期

鲜食玉米进入乳熟期，营养生长全部停止，叶片合成的营养物质不断向籽粒输送，因此，保护好叶片，延长叶片光合作用，提高叶片光合作用能力，是鲜食玉米获得高产的关键。玉米进入乳熟期后，由于植株高大，田间通风透光性变差，容易诱发多种病虫害，其中大斑病、小斑病和玉米锈病是对叶片为害最严重的病害。因此，做好病虫害的管理，保护好叶片，是此时期的管理重点。在玉米发病早期可以用40%戊唑醇·丙硫菌唑悬浮剂 $30\sim40mL/$亩或 18.7% 丙环·嘧菌酯悬乳剂 $70mL/$亩进行喷雾防治。

三、适时采收并贮藏

鲜食糯玉米一般在乳熟末期或蜡熟初期采收，即在抽雄授粉后 $23\sim28d$ 采收，早熟品种可以提前到 $22\sim25d$；过早采收会造成籽粒糯性差，过迟采收甜度下降、皮渣多。采收时机和标准也可采用以下方法确定：去除苞叶，用指甲划破粒顶时，中部粒顶表现少浆液但不顶手，基部粒有浆，能流出但流出很少且发稠时为采收佳期。鲜食玉米加工需要带苞叶采摘，在收获后尽快完成保鲜处理，如田间温度过高，则保鲜处理和加工的时间要求更短。为提高采收速度，可采用4YZQS-4A穗茎兼收型自走式玉米收获机，通过对收割机割台、胶辊进行改装，装配模拟人手采摘的仿生割台，最大程度地减少果穗损伤，一次性完成鲜食玉米摘穗和秸秆收割作业。加工完成的鲜食玉米应放在低温冷库中冷藏，确保糯玉米的品质。

第六节 保护性耕作技术

玉米保护地栽培技术主要应用于春玉米种植区，主要包括玉米育苗移栽、地膜覆盖和玉米大垄双行覆膜等项技术。玉米保护地栽培增产幅度大，是提高玉米亩产、增加总产的有效措施，所以人们把玉米保护地栽培作为粮食再登新台阶的重要保证。

一、地膜覆盖的生态效应

（一）提高地温

在春玉米种植区地膜覆盖可使玉米生育期提前5~15d，全生育期增加有效积温300~400℃。

（二）保墒提墒

地膜玉米全生育期0~30cm土层含水量比露地玉米平均高1.35个百分点。覆膜后加大了土壤热梯度，促使深层水向上运动，具有提墒作用。

（三）促进养分转化

地膜土壤各类微生物种群比露地土壤显著增加，细菌等微生物活动旺盛，加速了有机质的分解。

（四）改善土壤物理性状

覆膜后土壤水分蒸发减少，避免了风吹雨淋，也减少了人或机械的耕作次数，使土壤基本结构保持较好。同时，还增加了土壤孔隙。对盐碱地来说，由于覆膜大幅度地减少了水分的蒸发，使随着水分运动带到地表的盐分减少，盐分不易在表层聚集，抑制返盐的效果比较显著，特别有利于玉米的出苗和全苗。据调查，盐碱地玉米覆膜后，出苗率提高60%左右。

二、玉米地膜覆盖的主要技术

（一）选地选茬

应选择地势平坦、土层深厚、土质疏松、肥力中等以上、保水保肥能力好的地块，切忌选用陡坡地、沙土地、洼地、易涝地、重盐碱地块种植。可选小麦茬、大豆茬、马铃薯茬或玉米等茬。

（二）精细整地

地膜覆盖玉米田整地要求是适时耕翻、精细平整、消灭坷垃、消除前茬和杂草的残茬、施足底肥，而后作垄覆膜。即没有深翻基础的要深翻整地，有深翻基础的进行耙茬起垄。无论是伏秋整地，还是顶浆打垄，都要做到除净残茬，保证地面平整，无明暗坷垃，细碎疏松，使地膜与垄面贴合，防止地膜破裂，使其充分发挥增温保墒作用。

（三）增施肥料

覆膜玉米产量高，应增施肥料。每公顷施农肥22 000～30 000kg，结合整地施入。化肥每公顷施磷酸二铵、尿素各225～300kg，硫酸钾37.5～75kg，或固体生物钾7.5kg，硫酸锌30kg。

（四）品种选择

选用比当地直播主栽玉米品种熟期晚8～12d，积温多

200~300℃，多 2~3 叶的高产、质壮、不早衰、抗性强的紧凑型品种。

（五）合理增加密度

在同等条件下，一般要求地膜覆盖玉米比不覆盖地膜的玉米增加密度 7 500 株/hm^2。

（六）播种覆膜

播种时间以玉米出苗后不遭受冻害为前提，一般比直播田早 7d。播种覆膜方法有两种。

（1）先覆膜后播种。适用于干旱少雨、春季墒情干燥的地区和地块，可在雨后墒情好时，在播种前抓住墒情提前覆膜。适用于起垄加施农肥、化肥的地块。播种时按株距等距株孔播种，孔深 4~5cm，膜孔直径 2~3cm，每孔播 2 粒催芽种子，播后用湿土封好膜孔。此方法较费工、费时，不利于机械化操作。

（2）先播种后覆膜。一般是随播种随覆膜，出苗后打孔放苗出膜，这种方法适合于培种。其优点是可以防止膜面上土壤结壳，能使用地膜覆盖机械进行操作。此方法较适于海拔较高、低温冷害较重、春雨早、墒情好的地区和地块。

三、育苗移栽的主要技术

玉米育苗移栽技术是把蔬菜棚室化生产的原理应用到玉米生产上，通过提前育苗，人为地创造条件增加积温，提高作物光能利用率，一般可增加积温 200~300℃，有效地防止低温冷害，并充分发挥和利用晚熟品种的增产潜力，实现高产。

（一）选择适宜品种

品种选择的正确与否是育苗移栽技术效果好坏的关键。应选择熟期比当地直播品种晚 10~15d 或多 1~2 片叶的玉米品种。

（二）苗床技术

（1）苗床的选择。选择背风、向阳、有水源、便于管理的平岗地。

（2）做床时间。最好是秋做床，如果春做床应在育苗前7d做好。

（3）苗床规格及做床方法。床宽1.3~1.5m、深12cm，长度可根据移栽面积而定。床底要平，四周用木杆把固定，床底铺一层腐熟马粪锯末或细沙做隔离层，以便起苗。

（4）配制营养土。育苗方法不同、床土的配制也不同。

（5）育苗播种时间。播种时间要因天气而定。一定要保证移栽时能赶在冻霜过后，在冷尾暖头的晴天进行。一般移栽的苗期为25d，因此，育苗播种应在移栽前的25d进行。

（6）装床及播种。在播种的前3d用配好的营养土装入纸筒。装纸筒时一定要装实，上留1~1.5cm以备播种。将选好的发芽种子，每个纸筒或营养钵内播一粒，然后覆土11.5cm。将播种后的纸筒放入床内，再用细沙填满筒间缝隙，以便好起苗和防止起苗时纸筒破损。营养钵装床，可在播种前1~2d装床，也可边制作边装床，一定要排紧实，播种前先用营养土填好钵孔，留1~15cm播种，然后用细沙填严钵体间隙，播前浇透水，也可以后用喷壶浇30℃左右温水，一次浇透。

（7）覆膜。播种后立即覆膜，拱棚高40cm，覆膜后两侧用土压严，膜拉紧，并用撕裂膜在棚膜外拉成蛇形，拦住薄膜，以防被风揭开。

（8）苗床管理。一是温度管理。出苗前棚内温度要高一些，出苗至2叶期仍然要以防寒保温为主。要控制棚内温度，控制在20~25℃，控制叶片生长，促进次生根的生长发育，以利提高秧苗素质。控制温度的具体办法是先在下风头棚口揭开个缝通风，温度仍然高时再揭上风头，以使空气形成对流通风降温。揭缝的大小要根据棚内的温度而定。

(三) 移栽技术

(1) 选地选茬。选有机质含量高、排水良好的平川、平岗地，最好是保墒基础的大豆茬、马铃薯茬和玉米茬。

(2) 移栽时间。根据天气预报，终霜过后，以苗栽后不受冻为原则。一般在 5 月 10—15 日的冷尾暖头进行。

(3) 起苗移栽。移栽前不浇水。移栽时刨坑要大而深，要求坑深 10cm，株距 27~30cm。移栽的玉米，除下透雨外，土壤含水量低于 2.0%时，都要坐水，待水渗下后封垄。如果起垄时已加农用肥和磷酸二铵的，移栽时可不用施化肥。如果没有加肥的，移栽时要每公顷施磷酸二铵 300~375kg、硫酸钾 75kg、硫酸锌 30kg，化肥要侧深施，以防烧根。移栽时要定向，叶向垄沟与垄台垂直，扶正苗，覆土 2~3cm，栽后管理同一般生产田。

第七节 玉米密植高产精准调控技术

玉米密植高产精准调控技术是一种综合性的农业技术，旨在通过合理密植、科学管理和精准调控，提高玉米的单产和总体产量。

一、铺设滴灌管道

根据水源位置和地块形状，可选择独立式或复合式主管道铺设方法。支管铺设有直接连接法和间接连接法，支管间距在 50~70m 时滴灌作业速度与质量较好。

二、精细整地

播种前进行灭茬翻耕或深松旋耕，耕翻深度 28~30cm，做到上虚下实，无坷垃、土块。同时施足底肥，一般每亩施优质农家肥 1 000~2 000kg、磷酸二铵 15~20kg、硫酸钾 5~10kg

或复合肥 25~30kg。

三、科学选种

选择中早熟、株型紧凑、耐密植、穗位适中、抗倒抗逆性强、宜机收的中秆、中穗、增产潜力大的品种。合理增加种植密度，如黄淮海夏播区可达到 5 000~6 000 株/亩。

四、宽窄行配置

利用带导航的拖拉机和玉米精播机，一次性完成铺滴灌带、带种肥和播种等作业。行距采用 40cm+70~80cm 宽窄行配置，毛管铺设在窄行内，一条毛管管两行玉米，可采用浅埋式处理，埋深 3~5cm。

五、密植群体调控

滴水齐苗：播种后立即接通毛管滴出苗水，干燥土壤亩滴水 20~30m³，墒情较好的亩滴水 10~15m³，以达到出全苗、出苗整齐一致的目的。

化学调控：为防止密植植株倒伏，在 6~8 展叶期用玉米专用生长调节剂进行化控。

综合植保：通过种子精准包衣解决土传病害和苗期病虫害；苗前苗后进行化学除草控制杂草；在大喇叭口期和吐丝后 15d 各进行 1 次化防，喷洒杀虫、杀菌剂防治玉米螟、叶斑病、茎腐病和穗粒腐病等。

六、精准灌溉与施肥

精准灌溉：根据玉米需水规律灌溉，依据不同生育时期玉米耗水强度和不同耕层最佳土壤含水量确定灌水周期与灌溉量。拔节期土壤湿润深度控制在 0.4~0.5m，孕穗期控制在 0.5~0.6m。采用水分传感器监测进行自动化灌溉时，以小灌量、高频次灌溉，将耕层土壤水分控制在合理持水量上下较小波动变幅内。

精准施肥：优先选用滴灌专用肥或其他速效肥，遵循氮肥后移、磷肥深施、适当补钾，氮肥少量多餐分次追肥的原则。基肥施入氮肥的20%～30%、磷钾肥的50%～60%，其余追肥随水滴施；吐丝前施入45%左右的氮肥，吐丝至蜡熟前施入55%的氮肥，以防止玉米前期旺长、后期脱肥早衰，提高水肥利用率。

七、病虫害绿色防控

提前预防，进行一喷多效。在不同生育时期，如小喇叭口至抽雄期、灌浆期等，根据病虫害发生情况，进行1～2次综合防治。

八、机械收获

在生理成熟后（籽粒水分降至30%以下）进行收获，可根据情况选择粒收或穗收。籽粒直收在籽粒水分含量降至25%以下时进行，收获质量需达到籽粒破碎率不超过5%、产量损失率不超过5%、杂质率不超过3%的标准。

九、管带回收与秸秆处理

收获前后清洗并收回田间的支管和毛管；在回收管带作业后，将秸秆粉碎翻埋还田以培肥土壤，改善土壤结构，翻耕深度不小于28cm，耕后耙透、镇实、整平。若秸秆量较大，也可将一部分秸秆打捆作饲草料。

不同地区在应用该技术时，可能需要根据当地的气候、土壤等实际情况进行适当调整。同时，密切关注玉米的生长状况，及时采取相应的管理措施，以确保技术的实施效果。

第五章　玉米病虫草害统防统治

第一节　病　害

一、玉米大斑病

玉米大斑病是玉米的主要病害和重点防治对象，分布于全世界各玉米栽培区。我国玉米大斑病的发生普遍且严重，主要流行于东北、华北春玉米区和南方山区。玉米大斑病可以使玉米叶片枯死，减弱光合作用，果穗短小秃尖，籽粒干瘪。一般年份会因大斑病减产 20% 左右，严重流行年份减产 50% 以上。

（一）为害症状

玉米大斑病主要为害玉米叶片，严重时也为害叶鞘和苞叶。叶片上初生青绿色病斑，浸润性扩展，随后发展成为梭形大斑。

多数病斑长 5~10cm，宽 1~2cm，有的病斑更长，甚至纵贯叶片，呈灰褐色或黄褐色，有时病斑边缘褪绿。病斑上可能生有不规则轮纹。两个或多个病斑可连接汇合成不规则斑块，造成叶片干枯。高湿时病斑表面生出灰黑色霉层，为病原菌的分生孢子梗和分生孢子。在叶鞘和苞叶上，可生成长形或不规则形暗褐色斑块，其表面也产生灰黑色霉层。

抗病品种叶片上的病斑则有所不同。中度抗病类型的病斑窄条梭形，小而窄，褐色，边缘为黄绿色。在高抗品种的叶片上，仅生褪绿小斑点，后稍扩大，成为窄小梭形斑，黄绿色，有褐色坏死部分，其上不产生或很少产生孢子。

（二）防治方法

防治大斑病以种植抗病杂交种为主，配合使用可减少菌源，加强栽培管理与药剂防治等措施，实行综合防治。

（1）种植抗病杂交种。选育抗病自交系，配制抗病杂交种是防治大斑病的基本措施。对大斑病的抗病性有两类，即单基因抗病性和多基因抗病性，抗病育种所利用的主要是单基因抗病性。应密切注意大斑病菌生理小种变化，及时调整亲本自交系，配制抗病杂交种，并实行抗病品种合理布局，避免形成大范围品种单一化的局面。

（2）减少菌源。要实行轮作倒茬，避免玉米连作。要深耕翻地，压埋病残体，搞好田间卫生，及时清除或封闭村庄内外堆积的玉米秸秆。不要用病残体制作农家肥。有些地方在发病早期，大面积摘除植株底部病叶，这种方法也可以减少菌源，推迟上中部叶片发病。

（3）加强栽培管理。玉米适期早播可缩短后期高温多雨的发病适期，起到避病效果。提倡增施基肥，适量分期追肥，防止后期脱肥，使植株生长健壮，提高其抗病性。玉米与大豆、小麦、花生、马铃薯、甘薯等矮秆作物套种间作，或实行宽窄行种植，都可以改善通风透光条件，降低田间湿度，减轻发病。要合理灌溉，低洼地及时排水，防止内涝。

（4）喷药防治。在玉米抽雄前后，田间病株率达 70% 以上，病叶率在 20% 时开始喷药，可供选用的药剂有 50% 多菌灵可湿性粉剂 500 倍液、50% 甲基硫菌灵可湿性粉剂 600～800 倍液、40% 克瘟散乳油 800 倍液、75% 百菌清可湿性粉剂 500～800 倍液、70% 代森锰锌可湿性粉剂 500～800 倍液、50% 异菌脲可湿性粉剂 1 000～1 500 倍液、25% 三唑酮可湿性粉剂 2 000 倍液、25% 丙环唑乳油 2 000～2 500 倍液、10% 苯醚甲环唑水分散粒剂 1 500～2 000 倍液、30% 苯甲·丙环唑悬浮剂

2 000~4 000倍液等。一般每间隔7~10d（三唑类药剂间隔时间要延长）喷药1次，共喷2~3次。

多种新杀菌剂对大斑病有优良的防治效果和保产效果。18.7%嘧菌酯·丙环唑悬乳剂在玉米7叶期或大喇叭口期喷施，每亩用药10g（有效成分），25%吡唑醚菌酯乳油每亩用药8g（有效成分），75%肟菌·戊唑醇水分散粒剂每亩用药15~20g。

二、玉米小斑病

（一）为害症状

玉米小斑病又名玉米斑点病，是玉米生产中的重要病害之一，在我国分布广泛，主要发生在温暖潮湿的玉米种植区，感病品种在一般发生年份减产10%以上，大流行年份可减产20%~30%。

玉米小斑病从苗期到成熟期均可发生，玉米抽雄后发病重。主要为害叶片，也为害叶鞘和苞叶。与玉米大斑病相比，叶片上的病斑明显小，但数量多。病斑初为水浸状，后变为黄褐色或红褐色，边缘颜色较深，椭圆形、圆形或长圆形，大小为（5~10）mm×（3~4）mm，病斑密集时吊互相连接成片，形成大型枯斑，多从植株下部叶片先发病，向上蔓延、扩展。叶片病斑形状因品种抗性不同，有3种类型。

（1）不规则椭圆形病斑，或受叶脉限制表现为近长方形，有较明显的紫褐色或深褐色边缘。

（2）椭圆形或纺锤形病斑，扩展不受叶脉限制，病斑较大，灰褐色或黄褐色，无明显深色边缘，病斑上有时出现轮纹。

（3）黄褐色坏死小斑点，基本不扩大，周围有明显的黄绿色晕圈，此为抗性病斑。

（二）防治方法

玉米小斑病是通过气流传播、多次侵染的病害，且越冬菌源广泛，故应采取以抗病品种为主，结合栽培技术防病的综合措施进行防治。

（1）农业防治。种植抗病品种；玉米收获后，彻底清除田间病残株；深耕土壤，高温沤肥，杀灭病菌；施足底肥，增加磷肥，重施喇叭口肥，及时中耕灌水；加强田间管理，增强植株抗病力。

（2）化学防治。在玉米抽穗前后，病情扩展前开始喷药。喷药时先摘除基部病叶。所用药剂参见玉米大斑病化学防治。

三、玉米圆斑病

通常玉米因此病减产在10%以内，但部分感病或高感品种可严重发生，造成较大损失。

（一）为害症状

圆斑病菌侵染玉米叶片、叶鞘、苞叶和果穗。在叶片上产生褐色病斑，因小种和品种不同，病斑的形状和大小有明显差异。吉63玉米染病后通常产生近圆形、卵圆形病斑，略具轮纹，中部浅褐色，边缘褐色，有时具黄绿色晕圈，长径大的可达3~5mm。有的品种病叶上产生狭长形或近椭圆形病斑，中部黄褐色，边缘深褐色，病斑狭窄，2个或3个病斑可首尾相连。还有的小种产生较狭长条形斑、同心轮纹斑等。圆斑病的病斑在高湿条件下也会形成黑色霉层。

果穗发病仅见于吉63等少数玉米自交系。苞叶上也产生褐色病斑，近圆形或不规则形，可有轮纹和黑色霉层，但也有表面没有霉层的。病果穗的部分籽粒或全部籽粒与穗轴都发生黑腐，果穗变形弯曲，籽粒变黑干瘪，不发芽。果穗表面和籽粒间长出黑色霉状物。

（二）防治方法

（1）种植抗病品种。抗圆斑病的自交系和杂交种有二黄、铁丹 8 号、英 55、辽 1311、吉 69、武 105、武 206、齐 31、获白、H84、017、吉单 107、春单 34、荣玉 188、正大 2393 和金玉 608 及其他。虽然在推广品种中不乏抗病杂交种，但由于各地病原菌小种不同，在鉴选和推广抗病品种时一定要注意小种差异。

（2）栽培防治。要搞好田间卫生，及时清除田间病残体，深埋秸秆，施用不含病残体的腐熟有机肥，播种不带菌的健康种子。要加强肥水管理，降低田间湿度，培育壮苗、壮株。在发病初期及时摘除病株底部的病叶。

（3）药剂防治。播种前用 15% 三唑酮可湿性粉剂按种子重量的 0.3% 进行拌种，在发病初期喷施杀菌剂，具体方法参见玉米大斑病和小斑病的药剂防治。

四、玉米灰斑病

玉米灰斑病又称尾孢菌叶斑病，分布于世界各玉米栽培区。灰斑病的为害已超过大斑病，成为玉米最重要的病害。灰斑病可使病株叶枯，玉米减产 10%~40%，高感品种的重病田减产可达 50% 以上。

（一）为害症状

灰斑病菌主要为害玉米叶片，也侵染叶鞘和苞叶。发病初期在叶脉间形成圆形、卵圆形褪绿斑，扩展后成为黄褐色至灰褐色的近矩形、矩形条斑，局限于叶脉之间，与叶脉平行。成熟的矩形病斑中央灰色，边缘褐色，长 5~20mm，宽 2~3mm。

高湿时病斑两面生灰色霉层，背面尤其明显，此时病斑灰黑色，不透明。病斑可相互汇合，形成大斑块，造成叶枯。苞叶上出现纺锤形或不规则形大病斑，病斑上有灰黑色霉层。

玉蜀黍尾孢与玉米尾孢两菌侵染引起的症状相似，但玉蜀黍尾孢侵染形成的叶斑有明显的褐色边缘线，而玉米尾孢的病斑则没有。

（二）防治方法

（1）选育和种植抗病品种。选育玉米抗病自交系，组配抗病杂交种是防治灰斑病最经济有效的方法。已知抗病自交系有齐 319、中自 01、9046、冲 72、J599-2、沈 137、多黄 29、CN165、丹 599、丹黄 25、79532、598、中吉 846、M017Ht等。带有热带或亚热带血缘的玉米自交系具有较高的抗病性。

（2）农业防治。要及时秋翻春耙，清除田间地表的病残体。合理间作套种，改善田间通风透光条件，降低湿度，施足底肥，及时追肥。在病叶率达 20% 左右时，摘除病株 2~3 片底叶，再追肥、中耕。

（3）药剂防治。在发病初期喷施杀菌剂，有效药剂有80%代森锰锌可湿性粉剂 600~800 倍液、70%甲基硫菌灵可湿性粉剂 800~1 000倍液、80%多菌灵可湿性粉剂 800~1 000倍液、25%丙环唑乳油 2 000倍液、10%苯醚甲环唑水分散粒剂 1 000倍液、40%双胍三辛烷基苯硫磺酸盐可湿性粉剂 1 000~1 500倍液等。连续用药 2~3 次，喷药时，最好先从玉米下部叶片向上部叶片喷施。另据试验，喷施 75%肟菌·戊唑醇水分散粒剂 （15g/亩），或 300g/L 苯醚甲环唑·丙环唑乳油（30mL/亩），效果也很好。

五、玉米弯孢霉叶斑病

（一）为害症状

玉米弯孢霉叶斑病广泛分布于华北地区玉米产区，是玉米主要叶部病害之一。主要发生在玉米生长中后期，抽雄穗后病害迅速扩展蔓延，严重时造成叶片枯死，导致产量损失，重病田可减产 30% 以上。

玉米弯孢霉叶斑病主要为害叶片，也能侵染叶鞘和苞叶。

发病初期，叶片上出现水渍状褪绿斑点，后逐渐扩大成圆形或椭圆形，病斑大小一般为（1~2）mm×2mm。感病品种上病斑可达（4~5）mm×（5~7）mm，且常连接成片引起叶片枯死。病斑中心枯白色，周围红褐色，感病品种外缘具褪绿色或淡黄色晕环。在潮湿的条件下，病斑正、反两面均可产生灰黑色霉状物。

（二）防治方法

该病防治着重于选用抗病品种，加强栽培管理，抓好玉米易感病期的化学防治，控制其为害。

（1）农业防治。选用抗病品种；玉米收获后及时清理病残体和枯叶，集中深埋或处理；若进行秸秆直接还田，则应深耕深翻，减少初侵染菌源；合理轮作和间作套种，合理密植，施足底肥，及时追肥以防后期脱肥，提高植株抗病力。

（2）化学防治。当田间病株率达到10%时，可选用75%百菌清可湿性粉剂，或50%多菌灵可湿性粉剂，或70%甲基硫菌灵可湿性粉剂，或70%代森锰锌可湿性粉剂，或80%福美双·福美锌可湿性粉剂等500倍液进行喷雾防治，间隔5~7d喷1次，连续用药2~3次。

六、玉米褐斑病

褐斑病是玉米的常见病害，在全国各玉米产区都有发生。

（一）为害症状

本病发生在玉米叶片、叶鞘、茎秆和苞叶上。叶片上病斑圆形、近圆形或椭圆形，小而隆起，直径仅1mm左右（发生在中脉上的，直径可达3~5mm），常密集成行，成片分布。病斑初为黄色，水浸状，后变黄褐色、红褐色至紫褐色。后期病斑破裂，散出黄色粉状物（病原菌的休眠孢子囊）。病叶片可能干枯或纵裂呈丝状。

茎秆多在节间发病，叶鞘上出现较大的紫褐色病斑，边缘较模糊，多个病斑可汇合形成不规则形斑块，严重时，整个叶鞘变紫褐色腐烂。果穗苞叶发病后，症状与叶鞘相似。

境外还发现该菌能引起严重的茎腐症状。病株茎基部第一节或第二节变黑褐色腐烂，致使病部开裂、折断，病株倒伏。

（二）防治方法

（1）栽培防治。收获后彻底清除病残体，及时深翻。重病田块可实行3年以上轮作。要选用抗病品种，合理密植。降雨后要及时采取排水降湿措施，防止田间积水。要施足基肥，适时追肥，实行配方施肥，防止偏施氮肥。

（2）药剂防治。在玉米5~8叶期，喷施25%三唑酮可湿性粉剂1 500倍液、10%苯醚甲环唑水分散粒剂1 500倍液等。

七、玉米锈病

锈病是玉米的重要病害，锈病主要为害夏、秋玉米，病叶干枯，病田一般减产20%~30%，严重的达80%以上。

（一）为害症状

锈病主要侵染玉米叶片，初生褪绿小斑点，很快发展成为黄褐色突起的疱斑，即病原菌夏孢子堆。夏孢子堆密集生于叶片正面，叶片背面仅有少量夏孢子堆。夏孢子堆圆形或卵圆形，较小，长0.2~1mm，橙黄色至黄褐色，覆盖夏孢子堆的表皮开裂不明显。感病品种叶片上的夏孢子堆较大；抗病品种叶片上的较小，夏孢子堆周围组织枯死或褪绿；近免疫品种仅有微小枯斑，不产生夏孢子堆。发病后期在夏孢子堆附近散生冬孢子堆。冬孢子堆深褐色至黑色，周边出现暗色晕圈，表皮多不破裂。

（二）防治方法

（1）种植抗病杂交种。要不断鉴选抗病自交系，配制抗病杂交种，但要避免大面积推广同一抗原的杂交种，实行抗病种质的合理布局。病原菌有多个生理小种，应监测小种变化，防止因小种改变而使杂交种抗病性失效。

（2）栽培防治。提倡适期播种，合理密植，实行配方施肥和健身栽培，适当增施磷、钾肥，增施锌肥，喷施玉米健壮素等叶面营养剂，增强抗病性。雨后要及时排水，防止渍水，降低田间湿度。锈病常发区可适当压缩夏、秋玉米种植面积，扩种春玉米，以避开夏孢子传入高峰期。

（3）药剂防治。在田间发病初期或出现锈病传病中心时，喷施杀菌剂。有效药剂有15%三唑酮可湿性粉剂1 500～2 000倍液、25%三唑酮可湿性粉剂2 000～2 500倍液、12.5%烯唑醇可湿性粉剂4 000倍液、25%丙环唑乳油3 000～4 000倍液或30%苯醚甲环唑·丙环唑（爱苗）乳油3 000～4 000倍液等。具体施药次数和施药时间，依据当地锈病发生动态确定。

八、普通锈病

（一）为害症状

普通锈病主要为害玉米叶片和叶鞘，有时也侵染苞叶。病部初生褪绿斑点，以后变为褐色的隆起疱斑，即病原菌的夏孢子堆。普通锈病的夏孢子堆较大，椭圆形或长椭圆形，隆起，深褐色、咖啡色，分布于叶片两面，但叶片正面较多。夏孢子堆初期覆盖寄主表皮，呈灰色，后期表皮大片破裂，散出黄褐色粉末状物，为病原菌的夏孢子。后期产生黑色的冬孢子堆，长椭圆形，长1～2mm。

（二）防治方法

防治玉米普通锈病需采取以种植抗病品种为主的综合防治措施。病原菌有多个生理小种，抗病自交系的选育和杂交种选配都是针对特定小种的，因此必须监测小种变化。在发病早期应喷药控制传病中心，在病叶率达到 6% 后全田喷药防治，有效药剂参见锈病。

九、玉米茎腐病

玉米茎腐病又名玉米茎基腐病或玉米青枯病，是玉米的重要病害。茎基腐病是由多种病原菌单独或复合侵染所引起的腐烂性病害，病原菌的种类和组成不尽一致。在我国，茎基腐病特指镰刀菌和腐霉菌侵染引起的根、茎病害。病株根部和茎基部腐烂，叶片黄枯或青枯。种植感病杂交种时，严重发病年份病株率高达 50%~60%，减产 25% 以上，有的甚至绝收。

（一）为害症状

病株初生根、地下节根（不定根）、地下茎腐烂，根短小，表皮松脱，须根和根毛减少。有时病根明显发红。病株地上支撑根变褐色，腐烂，地上茎的基部初生形状不规则的褐色病斑，随后全面腐烂变软。茎秆腐烂从地表和基部第一节开始向上发展，一般扩展到第二节和第三节，有时中上部茎秆也有病变。病茎薄壁组织最后腐烂殆尽，仅残留游离的丝状维管束，甚至成为空腔。用手指按压茎基部可明显感知内部空松。因茎秆腐烂松软，病株易倒伏。在高湿条件下，病部表面生白色或粉红色霉状物，剖茎检查茎内可见白色或红色菌丝体。在病残秆表面可形成蓝黑色的小粒点，即病原镰刀菌的子囊壳。

因根部和茎秆发病腐烂，阻滞水分和营养物质输导，病株叶片自下而上变色枯死。通常病株叶片逐渐变黄，缓慢干枯。在玉米品种感病，环境条件特别有利时，病株叶片自下而上迅速青枯，叶片水烫状，灰绿色。

病株果穗苞叶变色青干，松散，果穗柄软化，果穗下垂，穗轴柔软，籽粒干瘪。

（二）防治方法

以种植抗病杂交种为主，栽培防治和药剂防治为辅，实行综合防治。

（1）选育和种植抗病杂交种。各栽培区都已选配出抗病或轻病的杂交种。耐病品种发病后产量损失率低。由于各地引起茎基腐病的病原菌种类有所差异，应在了解当地病原菌区系的基础上，选用适宜的抗病杂交种。

（2）栽培防治。病田应与水稻、大豆、花生、马铃薯、蔬菜或其他作物轮作2~3年，防止土壤中病原菌逐年积累。玉米收获后应及时彻底清除病株残体，减少翌年初侵染菌源。要合理调整播期，春玉米、套种玉米和玉米适期晚播都能减少茎基腐病的发生。低洼地应搞好排水，降低田间湿度。要依据地力和品种特性合理密植，增施农家肥和钾肥。在玉米拔节期增施氮、磷、钾复合肥可以增强植株抗倒性，减轻或推迟发病。严重缺钾地块，每公顷可施用硫酸钾100~150kg，一般缺钾地块每公顷施用75~105kg。有的地方在发病初期，及时扒开茎基部四周的土壤，降低湿度，待发病盛期过后再培好土。

（3）药剂防治。可用25%三唑酮可湿性粉剂，按种子重量0.2%的用药量拌种；50%多菌灵可湿性粉剂，按种子重量0.2%~0.3%的用药量拌种；70%甲基硫菌灵可湿性粉剂500倍液浸种。20%福·克悬浮种衣剂按药种比1：（40~50）进行种子包衣，可兼治地下害虫。2.5%咯菌腈种衣剂可用150~200mL药剂，包衣种子100kg，也可用3.5%咯菌·精甲霜悬浮种衣剂进行种子包衣。

初发病时可喷施50%多菌灵可湿性粉剂600倍液、70%甲基硫菌灵可湿性粉剂800倍液、64%恶霜·锰锌（杀毒矾）可湿性粉剂400~500倍液，或15%三唑酮可湿性粉剂2 000倍液等。

十、玉米顶腐病

（一）为害症状

玉米顶腐病从苗期到成株期都可发生。成株期发病，病株多矮小，但也有矮化不明显的，其他症状呈多样化。多数发病植株的新生叶片上部失绿，有的病株发生叶片畸形或扭曲，叶片边缘产生黄化条纹，或叶片顶部腐烂并形成缺刻，或顶部4~5片叶的叶尖褐色腐烂枯死；有的顶部叶片短小，残缺不全，扭曲卷裹直立呈长鞭状，或在形成鞭状时被其他叶片包裹不能伸展形成弓状；有的顶部几个叶片扭曲缠结不能伸展；有的感病叶片边缘出现刀切状缺刻；少数植株雄穗受害，呈褐色腐烂状。病株的根系通常不发达，主根短小，根毛细而多，呈绒状，根冠变褐色腐烂。高湿的条件下，病部出现粉白色至粉红色霉状物。

（二）防治方法

（1）农业防治。种植抗病品种；排湿提温，铲除杂草，增强植株抗病能力；玉米大喇叭口期，要迅速追肥，并喷施叶面营养剂，促苗早发，补充养分，提高抗逆能力；对玉米心叶已扭曲腐烂的较重病株，可用剪刀剪去包裹雄穗以上的叶片，以利于雄穗的正常吐穗，并将剪下的病叶带出田外深埋处理。

（2）化学防治。玉米顶腐病常发区可以采用药剂拌种，减轻幼苗发病。常用药剂有75%百菌清可湿性粉剂，或50%多菌灵可湿性粉剂，或80%代森锰锌可湿性粉剂，以种子重量的0.4%拌种，或用40%萎锈·福美双悬浮剂进行包衣处理。病害发生后，可以结合后期玉米螟等害虫的防治，混合以上药剂加农用硫酸链霉素或中生菌素对心叶进行喷施，每亩不少于40kg药液。

十一、玉米疯顶病

玉米疯顶病原本是一种次要病害，由于品种更替与栽培制度的变化，近年来趋于普遍和严重，南北各玉米栽培地区都有发生。疯顶病是玉米的全株性病害，病株雌、雄穗增生畸形，结实减少，严重的颗粒无收。

（一）为害症状

玉米全生育期都可发病，症状因品种与发病阶段不同而有差异。早期病株叶色较浅，叶片卷曲或带有黄色条纹，病株变矮，分蘖增多，有的株高不及健株的一半，分蘖多者可达6~10个。

中后期常见叶片密集丛生，叶片着生紊乱，病株较正常植株高大，上部茎秆节间缩短，叶片簇生，叶片变厚，有黄色条纹，不产生雌穗和雄穗。还有的病株心叶卷曲缠绕，直立向上，呈牛尾状，但心叶卷曲成牛尾状还可由其他原因引起，应注意区分。

抽雄以后常见雄穗增生畸形，小花变为变态小叶，大量小叶簇生，使雄穗变为"刺猬状"或"绣球状"。

雌穗也发生变态，有的病株雌穗不抽花丝，苞叶尖端变态，小叶状簇生，有的籽粒位置转变为小叶，雌穗叶化，穗轴多节茎状。也有的雌穗分化出许多小雌穗，无花丝，不结实。

（二）防治方法

（1）选育和种植抗病品种。选配和使用抗病杂交种是基础防治措施。据各地调查，较抗病的有郑单958、浚单20、农大364、沈单7号、中单2号、掖单19号、掖单4号等。

（2）使用无病种子。要使用在无病地区制成的种子。不在发病地区、发病地块制种。不使用病田种子，不由发病地区调种。

（3）加强栽培管理。发病田在玉米收获后应及时清除病株残体和杂草，集中销毁，并深翻土壤，促进土壤中病残体腐烂分解，或实行玉米与非禾本科作物轮作。玉米苗期要严格控制浇水量，防止大水漫灌，及时排除田间积水，降低土壤湿度。在玉米生长期间发现病株后，要及时拔除。

（4）药剂拌种。每100kg玉米种子，可用35%甲霜灵可湿性粉剂200~300g拌种，干拌或湿拌均可。甲霜灵、锰锌、杀毒矾等其他杀卵菌剂也可用于拌种。

十二、玉米瘤黑粉病

玉米瘤黑粉病是玉米的主要病害之一，分布广泛，为害严重。病株生出瘤状菌瘿，破坏玉米正常生长发育和营养供应，造成减产。据测定，植株果穗以下茎秆发病，平均减产约20%，果穗以上发病，减产约40%，果穗上下都发病，减产约60%，果穗发病，减产约80%。此外，玉米瘤黑粉病还能引起死苗和空秆。

（一）为害症状

玉米瘤黑粉病病株的主要症状是形成膨大的肿瘤，即病原菌的冬孢子堆。其形状和大小变化很大。肿瘤近球形、椭球形、角形、棒形或不规则形，有的单生，有的串生或叠生，小的直径不足1cm，大的长达20cm以上。肿瘤外表有白色、灰白色薄膜，内部幼嫩时肉质，白色，柔软有汁，成熟后变灰黑色，坚硬。肿瘤内含大量黑色粉末状的冬孢子，外表的薄膜破裂后，冬孢子分散传播。

玉米的雄穗、果穗、气生根、茎、叶、叶鞘、腋芽等部位均可生出肿瘤。叶片上肿瘤多分布在叶片基部的中脉两侧和叶鞘上，小而多，常串生，病部肿厚突起，呈泡状，背面略有凹入。茎秆上的肿瘤常由各节的基部生出，多数是腋芽被侵染后，组织增生，形成肿瘤而突出叶鞘。

在雄穗轴上，肿瘤常生于一侧，长蛇状或不规则形，雄穗上部分小花还可长出小型肿瘤，可聚集成堆。有时雄穗雌化并产生肿瘤。

果穗上部分籽粒或整个果穗形成肿瘤，更有的株顶形成肿瘤。

（二）防治方法

（1）种植抗病杂交种。目前尚无免疫品种，较抗病的杂交种有掖单2号、掖单4号、中单2号、农大108、吉单342、沈单10号、沈单16号、酒单3号、酒单4号、郑单958、鲁玉16、掖单22、聊93-1、豫玉23、蠡玉6号、海禾1号等。

（2）栽培防治。病田实行2~3年轮作，玉米收获后要及时清除田间病残体，秋季深翻。要施用充分腐熟的堆肥、厩肥。要适期播种，合理密植，加强肥水管理，均衡施肥，避免偏施氮肥，防止植株贪青徒长，缺乏磷、钾肥的土壤应及时予以补充，要适当施用含锌、硼的微肥。抽雄前后适时灌溉，防止干旱。要加强玉米螟等害虫的防治，减少虫伤口。在肿瘤未成熟破裂前，要尽早摘除病瘤并深埋销毁。摘瘤应定期、持续进行，长期坚持，力求彻底。

（3）药剂防治。

①种子处理：50%福美双可湿性粉剂按种子重量0.2%的用药量拌种，25%三唑酮可湿性粉剂按种子重量0.3%的用药量拌种。10g 2%戊唑醇湿拌种剂，兑少量水成糊状，拌玉米种子3~3.5kg。3%苯醚甲环唑悬浮种衣剂按种子重量的0.3%进行包衣，6%戊唑醇悬浮种衣剂按种子重量的0.1%~0.2%进行包衣。

②地表封闭：玉米播前或出土前用15%三唑酮可湿性粉剂750~1 000倍液，或用50%克菌丹可湿性粉剂200倍液，进行地表喷雾，以减少初侵染菌源。

③植株喷药：在拔节期至喇叭口期，肿瘤未出现前，喷施三唑酮、烯唑醇等杀菌剂，兼治其他病害。

十三、玉米细菌性茎腐病

（一）为害症状

玉米细菌性茎腐病在我国一些玉米种植区偶有发生。细菌侵染植株后，常在玉米的生长前期或中期引起茎节腐烂，导致茎秆折断，造成直接的生产损失。

玉米细菌性茎腐病主要为害中部茎秆和叶鞘。在茎秆上产生水浸状腐烂，腐烂部位扩展较快，造成髓组织分解，茎秆因此折断。在发病部位，病菌繁殖快并大量分解组织而产生恶臭味。

叶鞘也会受到侵染，病斑不规则，边缘红褐色。

在条件适宜情况下，病菌可以通过叶鞘侵染雌穗，在雌穗苞叶上产生与叶鞘上相同的病斑。有时茎秆上的发病部位可以靠近茎基部。发生在茎秆上中部会造成雌穗穗柄腐烂而严重影响雌穗的生长。

（二）防治方法

（1）农业防治。实行轮作，尽可能避免连作。秋收后，及时清除病残株，减少菌源；合理施肥，避免偏施氮肥；采用高畦栽培，雨后及时排水，改善田间通风条件和降低湿度，提高植株抗病性；发现病株后，及时拔除，带出田外集中烧毁。

（2）化学防治。及时治虫防病，苗期注意防治玉米螟、棉铃虫等害虫。在发病初期，及时喷施抗生素，如 72%农用硫酸链霉素可溶性粉剂 4 000 倍液或农抗 120 等；用抗生素在播种前浸种，对于控制经种子传播的病原菌有显著效果。

十四、玉米粗缩病

（一）为害症状

玉米粗缩病为媒介昆虫灰飞虱传播的病毒病，多数发病植株不结穗，发病率几乎等同于损失率，对产量影响很大。玉米粗缩病症状一般出现在 5~6 叶期，在心叶基部中脉两侧的细脉上出现透明的虚线状褪绿条纹，即明脉。

病株的叶背、叶鞘及苞叶的叶脉上具有粗细不一的蜡白色条状突起，用手触摸有明显的粗糙不平感，成为脉突；叶片宽短，厚硬僵直，叶色浓绿，顶部叶片簇生。

病株生长受到抑制，节间粗肿缩短，严重矮化。

根系少而短，不及健株的一半，很易从土中拔起。轻病株雄穗发育不良、散粉少、雌穗短、花丝少、结实少；重病株雄穗不能抽出或虽能抽出但分枝极少、无花粉，雌穗畸形不实或籽粒很少。

（二）防治方法

坚持"以农业防治为主、化学防治为辅"的综合防治策略。核心是调整玉米播期，使玉米苗期避开带毒灰飞虱成虫的活动盛期。

（1）农业防治。选用抗耐病品种，同时应注意合理布局，避开单一抗原品种的大面积种植；摒弃玉米麦垄套种，推广玉米麦收后直播，避开带毒灰飞虱成虫活动盛期；清除田间和地头杂草，减少害虫滋生地；及时拔除病株，带出田外烧毁或深埋；合理施肥浇水，加强田间管理，促进玉米健壮生长，缩短感病期。

（2）化学防治。药剂拌种或包衣，用70%噻虫嗪可分散粉剂10~30g拌10kg种子，防治苗期灰飞虱，减少病毒传播；苗期喷药防治灰飞虱，可用10%吡虫啉可湿性粉剂，或5%啶虫脒可湿性粉剂，每亩20g，加水50kg喷雾，每7~10d喷1次，连喷2~3次；发病初期，每亩用5%氨基寡糖素水剂75~100g，或6%低聚糖素水剂62~83g，加水50kg喷雾防治。

十五、玉米红叶病

（一）为害症状

病害初发生于植株叶片的尖端，在叶片顶部出现红色条纹。随着病害的发展，红色条纹沿叶脉间组织逐渐向叶片基部扩展，并向叶脉两侧组织发展，变红区域常常能够扩展至全叶的 1/3~1/2，有时在叶脉间仅留少部分绿色组织，发病严重时引起叶片干枯死亡。

（二）防治方法

（1）农业防治。种植抗病品种。

（2）化学防治。防蚜控病，做好麦田黄矮病和麦蚜的防治，减少侵染玉米的毒源和介体蚜虫，可有效减轻玉米红叶病的发生。

十六、玉米穗腐病

（一）为害症状

玉米穗腐病又称赤霉病、果穗干腐病，为多种病原菌侵染引起的病害，各玉米产区都有发生，特别是多雨潮湿的西南地区发生严重。引起穗腐病的一些病原菌如黄曲霉菌，产生的有毒代谢产物（如黄曲霉毒素）对人、家畜、家禽健康有严重危害。

玉米雌穗及籽粒均可受害，被害雌穗顶部或中部变色，并出现粉红色、蓝绿色、黑灰色或暗褐色、黄褐色霉层，即病原菌的菌体、分生孢子梗和分生孢子，扩展到雌穗的 1/3~1/2 处，多雨或湿度大时可扩展到整个雌穗。病粒无光泽，不饱满，质脆，内部空虚，常为交织的菌丝所充塞。雌穗病部苞叶常被密集的菌丝贯穿，黏结在一起贴于雌穗上不易剥离；仓储玉米受害后，粮堆内外则长出疏密不等、不同颜色的菌丝和分生孢子，并散出发霉的气味。

（二）防治方法

（1）农业防治。选用抗病品种；及时清除并销毁病残体；适期播种，合理密植，合理施肥，促进早熟；注意虫害防治，减少伤口侵染的机会；玉米成熟后及时采收，及时剥去苞叶，充分晒干后入仓贮存。

（2）化学防治。播种前精选种子，剔除秕小病粒，每10kg 种子用 2.5％咯菌腈悬浮种衣剂 20mL＋3％苯醚甲环唑悬浮种衣剂 40mL 进行包衣或拌种；在玉米收获前 15d 左右用50％多菌灵可湿性粉剂或 50％甲基硫菌灵可湿性粉剂 1 000 倍液在雌穗花丝上喷雾防治。

十七、玉米丝黑穗病

（一）为害症状

玉米丝黑穗病为害果穗和雄穗，形成菌瘿，菌瘿内充满病原菌的冬孢子，并残留丝状维管束残余物，故名"丝黑穗病"。病株没有收成，发病率即为产量损失率。

病果穗不吐花丝，形状短胖，基部较粗，顶端较尖，苞叶完整，但果穗内部充满黑粉状物，后期苞叶破裂，露出黑粉，黑粉多黏结成块，不易飞散。黑粉间夹杂有丝状的玉米维管束残余。还有的病果穗失去原形，严重畸形，呈"刺猬头"状。这是因为果穗上的颖片过度生长，变形成为管状长刺，丛生在果穗上。

雄穗有两种症状类型，一种是雄穗上单个小穗变为菌瘿。此时花器畸形，不形成雄蕊，颖片因受刺激而变为叶状，雄花基部膨大，内藏黑粉。另一种是整个雄穗变成一个大菌瘿，外面包被白色薄膜，薄膜破裂后黑粉外露，黑粉常黏结成块，不易分散。

早期发病的植株多数果穗和雄穗均表现症状，晚期发病的仅果穗表现症状，雄穗正常。雄穗发病的植株，多半没有果穗。

另外，玉米苗期还会出现多种全株性症状，表现病株矮小，节间短缩，弯曲，叶片簇生，叶腋都长出黑穗，有的病株分蘖异常增多，分蘖顶部长出黑穗。苗期症状多变而不稳定，可因品种、病菌、环境条件不同而发生变化。

（二）防治方法

防治玉米丝黑穗病应采取综合措施，以栽培抗病品种为主，辅以减少菌量、促进出苗的栽培措施和种子药剂处理。

（1）选育和栽培抗病品种。玉米自交系和杂交种之间的抗病性有明显差异，选配和栽培抗病杂交种是防治丝黑穗病的根本措施。

（2）采取减少菌源的措施。病田停种玉米，实行2~3年轮作。不用病秸秆饲喂牲畜或积肥，提倡高温堆肥，施用净肥。发病田块要及时拔除病株。苗期表现典型症状的，结合除草在定苗前铲除病苗和可疑苗。苗期不显症状或症状不易识别时，在喇叭口期显症明显时，及时砍除病株。玉米抽穗后，在菌瘿中冬孢子成熟散落前，及时砍倒病株，割除病穗，携出田外深埋销毁。

（3）加强苗期栽培管理。选用不带菌的优质种子，提高整地质量和播种质量，适期播种，播种深度一致，覆土厚度适宜，促进快出苗，出壮苗。有些地方在重病地采用幼苗扒土晒根技术，有明显的防病增产效果。该法是在幼苗1叶1心期至2叶1心期，用铁丝钩将苗根部周围的土松开后，再用手将土扒开，使幼苗地下茎在阳光下暴晒，10~15d后将扒开的土复原。

（4）种子药剂处理。最常用的种子处理方法是药剂拌种和种子包衣。25%三唑酮可湿性粉剂用种子重量0.3%的药量拌种。为克服玉米种子表面光滑，干拌时不易黏附药粉的缺陷，可先用稀米汤、稀玉米糊或0.5%聚乙烯醇水溶液作为黏着剂，喷湿待拌药的种子，然后再加入药粉搅拌均匀。用15%三唑醇干拌种剂，每100kg玉米种子拌药400g。

用2%戊唑醇湿拌种剂或2%戊唑醇干拌种剂拌种，每100kg玉米种子用药剂400~600g（含有效成分8~12g）。用湿拌种剂拌种时，先按上述推荐剂量称出拌种所需的药剂，再按

10kg 种子用水 150~200mL 的比例，称出要用的水，将称出的药剂与水混合成糊状物。再将种子倒入并充分搅拌，拌好的种子放在阴凉处晾干后即可用于播种。

可用于防治玉米丝黑穗病的种衣剂种类较多。2.5%咯菌腈悬浮种衣剂，包衣 100kg 玉米种子用药 600~800mL，先将药剂用少量水稀释，然后均匀进行种子包衣；2%戊唑醇悬浮种衣剂，包衣 100kg 玉米种子用药 400~500g；6%戊唑醇悬浮种衣剂，包衣 100kg 玉米种子用药 100~150mL；300g/L 灭菌唑悬浮种衣剂，包衣 100kg 玉米种子用药 200mL；3%苯醚甲环唑悬浮种衣剂，包衣 100kg 玉米种子用药 8.57~12g（有效成分量）；0.8%腈菌·戊唑醇悬浮种衣剂，包衣 100kg 玉米种子用药 16~20g（有效成分量）。

三唑酮等三唑类杀菌剂对幼苗生长有一定抑制作用，可能推迟幼苗出土。特别是在低温多雨的天气条件下，受害幼苗往往不能出土，或晚出土 10d 以上。土壤含水量高、地温低、覆土过厚等都是产生药害的重要诱因。播种期间若低温多雨，应降低用药量，若出苗前遇雨，雨后要及时松土。有大雨或连阴雨天气时，应停止拌药。不同玉米品种对药剂敏感程度不同，也应注意。

十八、玉米纹枯病

（一）为害症状

玉米纹枯病在玉米种植区普遍发生。随着玉米种植面积的扩大和高产密植栽培技术的推广，该病发展蔓延较快，为害日趋严重。该病主要发生在玉米生长后期，为害玉米植株近地表的茎秆、叶鞘甚至雌穗，常引起茎基腐败，输导组织破坏，影响水分和营养的输送，因此造成的损失严重。

玉米纹枯病主要为害叶鞘，其次是叶片、果穗及其苞叶。发病严重时，能侵入坚实的茎秆，但一般不引起倒伏。最初从茎基部叶鞘发病，后侵染叶片，向上蔓延。发病初期，先出现水渍状灰绿色的圆形或椭圆形病斑，逐渐变成白色至淡黄色，后期变为红褐色云纹斑块。叶鞘受害后，病菌常透过叶鞘而为害茎秆，形成下陷的黑褐色斑块。发病早的植株，病斑可以沿茎秆向上扩展至雌穗的苞叶和横向侵染下部的叶片。湿度大时，病斑上常出现很多白霉，即菌丝和担孢子。温度较高或植株生长后期，不适合病菌扩大为害时，即产生菌核。菌核初为白色，老熟后呈褐色。当环境条件适宜，病斑迅速扩大发展，叶片萎蔫，植株似水烫过一样呈暗绿色腐烂而枯死。

（二）防治方法

玉米纹枯病为多寄主土传病害，对该病的防治应采取以清除病源、栽培防治为基础，重点使用化学药剂防治的综合防治技术措施。

（1）农业防治。选用抗病或耐病品种，重病田块实行轮作；清除田间病株残体集中烧毁，深翻土壤消除菌核；选择适当的播期，避免病害的发生高峰期（孕穗到抽穗期）与雨季相遇；发病初期，摘除病叶；合理密植，宽窄行栽培，注意田间通风透光；田间开沟排水，降低湿度。

（2）化学防治。发病早期防治效果好，重点防治玉米茎基部，保护叶鞘。可每亩用16%井冈霉素可溶粉剂50~60g，或25%丙环唑乳油30~40g，或30%苯甲·丙环唑乳油10~20g，或15%井冈霉素·三唑酮可湿性粉剂100~130g，或井冈霉素·蜡芽菌悬浮剂20~26g，兑水75~100kg，喷雾。

十九、玉米干腐病

玉米干腐病为害玉米果穗和茎秆，一般因病减产10%~20%，严重的达50%以上。

（一）为害症状

病原菌主要为害茎秆和果穗，分别引起茎腐和穗腐。病株茎基部 4~5 节或果穗附近的茎秆产生黑褐色或紫红色斑块，病茎腐烂，髓部破碎，易于倒伏。在茎秆与叶鞘间生有灰白色菌丝体和大量黑色小粒点。叶鞘上产生深褐色至紫红色斑块和黑色小粒点。叶片上产生长条形褐色病斑。病株在吐丝后可突然死亡，叶片枯凋变灰绿色。

病果穗的苞叶增厚皱缩，失绿褪色，生有形状不规则的浅黄色或浅紫色斑块，苞叶粘连，且紧裹果穗，不易剥离，苞叶之间及苞叶与果穗之间生满灰白色菌丝体。剥去苞叶，可见果穗下端或全穗籽粒变为暗褐色（也有的不变色），无光泽，籽粒表面及籽粒之间也长有灰白色菌丝体，籽粒与苞叶内侧生有黑色小粒点，即病原菌的分生孢子器。穗轴细、松，易折断。发病较轻的，籽粒不饱满或干瘪皱缩，发病较重的果穗变细或畸形，形成僵穗。

(二) 防治方法

（1）栽培防治。病区要建立无病留种田，繁育无病种子，种用果穗入仓前，要经过严格检查和选择。无病区不从病区引种、调种和购种。发病田要实行 3 年以上轮作，要深翻灭茬，及时清除病残体，以减少菌源。病田还要种植抗病、轻病品种，合理密植，加强肥水管理，增施钾肥，及时防治病虫害。

（2）药剂防治。必要时用杀菌剂进行播前种子处理和田间喷药。每 100kg 种子可用 2.5%适乐时悬浮种衣剂 100 ~ 200mL 或 10%适乐时悬浮种衣剂 25~50mL 拌种，或用 50%多菌灵或 50%甲基硫菌灵可湿性粉剂 100 倍液浸种 24h，再用清水冲洗并晾干后播种。

在玉米抽穗期可用 25%丙环唑乳油 2 000 倍液，50%多菌灵可湿性粉剂 500 倍液，或 70%甲基硫菌灵可湿性粉剂 800 倍液喷雾，重点喷布果穗和茎秆基部。

二十、玉米矮花叶病

玉米矮花叶病是玉米的重要病害，分布广泛，西北、华北发生较多。病株黄弱矮小，有的早期枯死，有的抽雄不良，果穗细小，籽粒少而秕瘦。轻病田减产 10%～20%，重病田减产30%～50%。

（一）为害症状

玉米整个生育期都可发生，苗期受害重。典型症状是植株矮小，叶片上生黄绿相间的条纹。染病早的，矮小严重，后期被侵染的，矮小不明显。发病初期在新叶基部的叶脉间出现褪绿斑点、斑纹，沿叶脉形成断续的褪绿条点，长短不一，但叶脉仍保持绿色。

褪绿条点随后发展成为较宽的褪绿条纹，并迅速扩展到全叶。发病重的叶色变黄，质地硬而脆，易折断。

有的品种从叶尖、叶缘开始，出现紫红色条纹。叶鞘和苞叶上也出现类似症状。

矮花叶病是由玉米矮花叶病毒侵染引起的。该病毒属于马铃薯 Y 病毒属。病毒粒体线状，长 750nm，直径 12～15nm，无包膜，单分体基因组，核酸为线形正义单链 RNA。在寄主细胞质内产生典型的风轮状内含体。

该病毒主要由蚜虫以非持久方式传毒，病株汁液摩擦和带毒种子也能传毒。寄主范围很广，除玉米外，还可侵染高粱、谷子、糜子等作物，以及牛鞭草、虎尾草、白茅、雀麦、狗尾草、马唐、稗草、画眉草等 200 多种禾草。玉米矮花叶病毒有多个株系，其寄主范围有所不同。

（二）防治方法

（1）栽培防治。要及时铲除田间杂草，减少越冬毒源。应选配和种植抗病高产杂交种，合理调节播期，使玉米苗期避开蚜虫从麦田迁飞的高峰期。采用地膜覆盖法种植春玉米，出苗提早，以避开蚜虫迁飞传毒高峰期。在玉米定苗时，要拔除由种子带毒产生的病苗和早期蚜虫传毒造成的病苗，减缓病毒扩散传播。发病田要加强管理，适时施肥灌水，以减轻病情，降低损失。

（2）药剂防治。在传毒蚜虫迁飞玉米田的始期和盛期，及时喷施杀虫剂防治蚜虫，抑制病害的传播。另外，还可在发病初期喷施盐酸吗啉胍·铜（病毒 A）、植病灵、菌毒清、83 增抗剂等药剂，喷药时在药液中加入叶面肥，有利于病株复绿。

二十一、玉米条纹矮缩病

（一）为害症状

病株矮缩，节间缩短，顶部叶片直立而稍硬。叶片从基部向叶尖，沿叶脉产生浅黄色条纹，后期在条纹上产生坏死褐斑，因品种不同，条纹形态有所变化。有的条纹连续或断续生于叶脉之间或叶脉上，宽 0.2~0.7mm，两条叶脉之间有 1~5 条条纹，称为"密纹型"。有的条纹连续或断续生于叶脉上，很少生于叶脉间，条纹宽 0.4~0.9mm，称为"疏纹型"。病株叶鞘、茎秆和苞叶顶端的小叶均可产生浅黄色条纹或褐色坏死斑。

玉米条纹矮缩病的病原物是玉米条纹矮缩病毒（Maize streak dwarf virus，MSDV）。病毒粒体有包膜，弹状（未经固定时），长 150~220nm 或 200~250nm，直径 43~64nm 或 70~80nm。由灰飞虱成虫和若虫进行持久性传毒，寄主有玉米、小麦、大麦、高粱、谷子、糜子等作物，以及狗尾草、野燕麦等多种禾草。

（二）防治方法

防治玉米条纹矮缩病首先应种植抗病、耐病品种，淘汰高感品种，还要适时播种，加强栽培管理，增施肥料，适时灌水。头遍水的灌溉时间影响发病程度，以玉米出苗后40~50d灌水为好，不宜过早、过晚。要清除田间杂草，降低灰飞虱虫口密度，做好冬前和麦田的灰飞虱药剂防治。

二十二、玉米全蚀病

（一）为害症状

主要为害根部，可造成植株早衰、倒伏，影响灌浆，千粒重下降，严重威胁玉米生产。

苗期染病时地上部分症状不明显，抽穗灌浆期地上部分开始出现症状，初叶尖、叶缘变黄，逐渐向叶基和中脉扩展，后叶片自下而上变为黄褐色。严重时茎秆松软，根系呈褐色腐烂，须根和根毛明显减少，致根皮变黑坏死或腐烂，易折断倒伏。7—8月土壤湿度大时，根系易腐烂，病株早衰，千粒重下降。收获后菌丝在根组织内继续扩展，致根皮变黑发亮，并向根基延伸，呈黑脚或黑膏药状，剥开茎基，表皮内侧有小黑点，即病菌子囊壳。

（二）防治方法

（1）农业防治。种植抗病品种；提倡施用酵素菌沤制的堆肥或增施有机肥，每亩施入充分腐熟有机肥2 500kg，并合理追施氮、磷、钾速效肥；收获后及时翻耕灭茬，发病地区或田块的根茬要及时烧毁，减少菌源；与豆类、薯类、棉花、花生等非禾本科作物实行大面积轮作；适期播种，提高播种质量。

（2）化学防治。可选用3%苯醚甲环唑悬浮种衣剂40~60mL或12.5%全蚀净20mL拌10kg种子，晾干后即可播种，也可贮藏后再播种。此外，可用含多菌灵、呋喃丹的玉米种衣剂按药种重量比1∶50进行种子包衣，对该病也有一定防效，且对幼苗有刺激生长作用。

二十三、玉米青枯病

(一) 为害症状

玉米青枯病一般在玉米灌浆期开始发病，乳熟末期至蜡熟期为显症高峰。感病后最初表现萎蔫，以后叶片自下而上迅速失水枯萎，叶片呈青灰色或黄色逐渐干枯，表现为青枯或黄枯。病株雌穗下垂，穗柄柔韧，不易剥落，籽粒瘦瘪，无光泽且脱粒困难。茎基部1~2节呈褐色失水皱缩，变软，髓部中空，或茎基部2~4节有呈梭形或椭圆形水浸状病斑，绕茎秆逐渐扩大，变褐腐烂，易倒伏。根系发育不良，侧根少，根部呈褐色腐烂，根皮易脱落，病株易拔起。根部和茎部有絮状白色或紫红色霉状物。

引起茎腐病的病原菌很多，在我国主要为镰刀菌和腐霉菌。镰刀菌以分生孢子或菌丝体，腐霉菌以卵孢子在病残体内外及土壤内存活越冬，带病种子是翌年的主要侵染源。病菌借风雨、灌溉、机械、昆虫携带传播，通过根部或根茎部的伤口侵入或直接侵入玉米根系或植株近地表组织并进入茎节，营养和水分输送受阻，导致叶片青枯或黄枯、茎基溢缩、雌穗倒挂、整株枯死。种子带菌可以引起苗枯。

玉米籽粒灌浆和乳熟阶段遇较强的降水，雨后暴晴，土壤湿度大，气温剧升，往往导致该病暴发成灾。雌穗吐丝期至成熟期，降水多、湿度大，发病重；沙土地、土地瘠薄、排灌条件差、玉米生长弱的田块发病较重；连作、早播发病重。玉米品种间抗病性存在明显差异。

(二) 防治方法

采用以抗病品种和栽培技术等为主的综合防治措施。

（1）农业防治。选用抗病品种；清除田间内外病残组织，集中烧毁，深翻土壤，减少侵染源；与其他非寄主作物（如水稻、甘薯、马铃薯、大豆等）实行 2～3 年的大面积轮作，防止土壤中病原菌积累；适期晚播能有效减轻该病害发生；在玉米生长后期，控制土壤水分，避免田间积水；播种时，将硫酸锌肥作为种肥施用，用量为 45kg/亩，能够有效降低植株发病率；增施钾肥，每亩用量 16kg，能够明显提高植株的抗性，降低发病率。

（2）化学防治。每 10kg 种子用 2.5% 咯菌腈悬浮种衣剂 10～20g，或 20% 福·克悬浮种衣剂 222.2～400g，或 3.5% 咯菌·精甲霜悬浮种衣剂 10～15g，进行种子包衣。玉米抽雄期至成熟期是防治该病的关键时期，病害发生初期可以用 50% 多菌灵可湿性粉剂 600 倍液+25% 甲霜灵可湿性粉剂 500 倍液；或 70% 甲基硫菌灵可湿性粉剂 800 倍液+40% 乙膦铝可湿性粉剂 300 倍液+65% 代森锌可湿性粉剂 600 倍液淋根基，间隔 7～10d 喷 1 次，连喷 2～3 次。

二十四、坏死病

坏死病又称为玉米致死性坏疽病，是玉米的一种危险性新病害。该病是玉米褪绿斑驳病毒与其他病毒复合侵染引起的，病株叶片枯死，可造成高达 80% 的产量损失。致病病毒在我国已有发现，急需加强监测，防止传播蔓延。

（一）为害症状

玉米褪绿斑驳病毒单独侵染玉米后，叶片上出现轻微褪绿斑点、斑驳或花叶等。但与另一种病毒复合侵染后，病情加重，病株叶片最先变黄，形成黄绿相间的斑驳或花叶，随后从叶片边缘开始变褐坏死，最后整叶干枯。

上部叶片最先坏死，渐次向下部叶片扩展。病株的叶鞘和茎节变褐色，果穗小，皱缩畸形，结实不良或不结实，苞叶枯死。有时病株矮小或分蘖异常增多。

（二）防治方法

玉米褪绿斑驳病毒和小麦线条花叶病毒为我国进境植物检疫性有害生物，需依法检疫。田间发现病株后，要立即拔除烧毁，严防扩大蔓延。老病区的病田要与马铃薯、豆类、蔬菜等非寄主作物进行 2~3 年轮作，使用无病地区繁育的不带毒种子，要及时铲除田间杂草。在摸清当地传毒昆虫种类和发生规律的基础上，可采取相应的药剂防治措施。

二十五、玉米苗枯病

（一）为害症状

在我国许多玉米种植区都有发生，部分地区一些年份发病严重。近年来，由于土壤中病菌的积累，苗枯病的发生范围进一步扩大，发病逐渐加重，田间病株率一般为 10%，重病田可达 60% 以上，对生产有一定影响。

种子发芽后，病原菌侵染主根，先在种子根和根尖处变褐。后扩展导致根系发育不良或根毛减少，次生根少或无，逐渐造成根系发病变为红褐色，发病部位向上蔓延，侵染胚轴和茎基节，并在茎的第一节间形成坏死斑，叶片黄化，叶边缘焦枯。当病害发展迅速时，常常导致植株叶片发生萎蔫，全株青枯死亡。剖开茎节，可以看见维管束组织被侵染后变为褐色。

（二）防治方法

（1）农业防治。选用抗病或耐病品种；实行轮作，尽可能避免连作；及时清除田园病株，减少菌源；增施腐熟的有机肥；深翻灭茬，平整土地，防止积水，促进根系发育，增强植株抗病力。

（2）化学防治。选用 75% 百菌清可湿性粉剂或 50% 多菌灵可湿性粉剂或 80% 代森锰锌可湿性粉剂，按种子重量的 0.4% 拌种，或用萎锈·福美双等种衣剂直接进行种子包衣后再播种。

二十六、北方炭疽病

（一）为害症状

玉米炭疽病是由炭疽菌引起的一种玉米病害，其为害主要表现为玉米叶片、茎、穗等部位出现黑色病斑，导致叶片凋萎、穗粒不饱满等症状，严重影响玉米产量和品质。

（二）防治方法

选用抗病品种：在种植玉米时，应选择抗病品种进行种植，能够有效降低炭疽病的为害。

坚持轮作制度：避免连作，可将玉米和其他作物轮作，减少炭疽菌的滋生和传播。

及时清除病残体：玉米炭疽病易在病残体上繁殖，及时清除病残体，减少炭疽菌的滋生和传播。

合理施肥：玉米炭疽病与土壤肥力状况有关，合理施肥能够提高玉米植株的抗病能力，减轻病害为害。

使用化学药剂：在病情比较严重时，可使用合适的化学药剂进行喷洒，如多菌灵、氧化锰等。但要注意药剂的使用方法和使用量，避免对环境和人体造成伤害。

二十七、玉米根腐病

（一）为害症状

玉米根腐病在玉米幼苗期至抽穗吐丝期均可出现症状，整株植株茎叶暗绿。病叶自叶尖向下或从边缘向内逐渐变黄干枯。病株的叶片由下而上发展而呈焦枯状；须根初期表现水渍，变黄，后腐烂坏死，根皮容易脱落。当玉米植株长到七八片叶时，根部变黑腐烂，叶片自下而上逐渐变黄枯萎；或抽雄以后根部迅速腐烂，植株枯黄倒伏死亡。轻病植株可抽穗，但籽粒不充实，甚至秕瘪，穗轴疏松，秃尖，严重减产，重至枯萎。玉米根腐病已成为近年来常见的毁灭性病害。

（二）防治方法

一是用钾肥防治玉米根腐病。病株率在 10% 以上的，亩用氯化钾 3~5kg，或草木灰 50kg。病株率在 10%~20% 的，亩用氯化钾 8~10kg，或草木灰 80~100kg。病株率在 30% 以上的，亩用氯化钾 10~15kg，或草木灰 100~150kg。施用钾肥时，切忌与化肥和农家肥一起施用。也可选用多元复合微肥加磷酸二氢钾叶面喷雾。二是化学防治方法，用 50% 多菌灵 + 40% 乙膦铝 1 000 倍液或 70% 甲基硫菌灵 + 40% 乙膦铝 1 000 倍液灌根，每株用 100g 药液。

二十八、玉米白斑病

（一）为害症状

玉米白斑病是一种真菌病害，病斑最初较小，淡绿色，散生于叶片表面。随着时间推移，病斑变白、变干，有或无深褐色边缘，类似百草枯除草剂引起的药害斑点。

（二）防治方法

1. 农业防治

一要选用抗病品种。玉米白斑病是玉米生产上新发生的一种病害，大多数品种对其无抗病性，今后玉米生产中要注重抗病品种的筛选及推广，为较有效防治途径。二要重视病残体无害化处理。

2. 化学防治

（1）枯草芽孢杆菌。为预防性生物菌，对玉米叶部病害有很好的预防作用，发病前或发病初期使用。从抽雄吐丝期开始的发病初期用 500~1 000 倍液喷雾，隔 7~10d 喷 1 次。注意不能与其他杀菌剂同用，只能单用，最好在 16 时后喷雾，夜间有利于芽孢萌发。

（2）丙环唑。属于甾醇抑制剂中的三唑类杀菌剂，有杀菌、防病和治病功效，用丙环唑（20%EC）2 500 倍液喷雾，10~15d 喷 1 次，连续 2~3 次。

（3）苯醚甲环唑。用 10% 苯醚甲环唑水分散粒剂 1 000~1 500 倍液喷雾，连续 2~3 次。

第二节　虫　害

一、玉米螟

玉米螟是世界性玉米大害虫，广泛分布于全国各玉米种植区，严重降低了玉米的产量和品质，大发生时使玉米减产30% 以上。除玉米外，该虫还寄生高粱、谷子、水稻、大豆、棉花等多种农作物。

（一）为害症状

玉米螟是钻蛀性害虫，幼虫钻蛀取食心叶、茎秆、雄穗和雌穗。幼虫蛀穿未展开的嫩叶、心叶，使展开的叶片出现一排排小孔。

幼虫可蛀入茎秆，取食髓部，影响养分输导，受害植株籽粒不饱满，被蛀茎秆易被大风吹折。幼虫钻入雄花序，使之从基部折断。幼虫还取食雌穗的花丝和嫩苞叶，并蛀入雌穗，食害幼嫩籽粒，造成严重减产，玉米螟蛀孔处常有锯末状虫粪。

（二）防治方法

应采取以生物防治为主导、化学和物理防治为补充的绿色防控治理策略，根据不同生态区玉米螟的发生特点，集成防控关键技术。

（1）栽培防治。要积极选育或引进抗螟高产品种。在秋收之后至春季越冬代化蛹前，把主要越冬寄主作物的秸秆、根茬、穗轴等，采用烧掉、机械粉碎、用作饲料或封垛等多种办法处理完毕，以消灭越冬虫源。要因地制宜地实行耕作改制，在玉米2~3代玉米螟发生区，要酌情减少玉米、高粱、谷子的春播面积，以减轻玉米受害。可设置早播诱虫田或诱虫带，种植早播玉米或谷子，诱集玉米螟成虫产卵，然后集中消灭。在严重为害地区，还可在玉米雄穗打苞期，隔行人工去除2/3的雄穗，带出田外烧毁或深埋，消灭为害雄穗的幼虫。

（2）诱集成虫。设置黑光灯和频振式杀虫灯诱杀越冬代成虫，阻断产卵。单灯防治面积4hm²，设置高度为距地面2m。还可在越冬代成虫羽化初期开始使用性诱剂诱杀。

（3）药剂防治。防治春玉米1代幼虫和玉米2代幼虫，可在心叶末期喇叭口内施用颗粒剂。1%辛硫磷颗粒剂或1.5%辛硫磷颗粒剂，每亩用药1~2kg，使用时加5倍细土或细河沙混匀，撒入喇叭口；0.3%辛硫磷颗粒剂，每株用药2g，施入大喇叭口内；0.1%或0.15%的三氟氯氰菊酯颗粒剂，拌10~15倍煤渣颗粒施用，每株用药1.5g；14%毒死蜱颗粒剂，每株用药1~2g。

80%敌百虫可溶性粉剂1 000~1 500倍液、50%敌敌畏乳油1 000倍液等，可用于灌心叶（每株用药液10mL）。在玉米螟卵孵化盛期，还可喷施24%甲氧虫酰肼悬浮剂，防治1代玉米螟，每亩用药25mL，兑水25L喷雾，但要将药液喷在玉米嫩叭口内。

穗期玉米螟的防治，可在玉米抽丝60%时，用上述有机磷或菊酯类颗粒剂撒在雌穗着生节的叶腋，其上两叶、其下一叶的叶腋，以及穗顶花丝上。

上述80%敌百虫可溶性粉剂1 000~1 500倍液、50%敌敌畏乳油1 000倍液也可用于灌注露雄的玉米雄穗，或在雌穗吐丝期，滴在雌穗顶端花丝基部，使药液渗入花丝。在雄穗打苞期，还可喷洒20%氰戊菊酯乳油4 000倍液，或2.5%溴氰菊酯乳油4 000倍液等。

（4）生物防治。

①白僵菌封垛：为降低越冬虫口基数，春玉米区在早春越冬幼虫化蛹前15d，对残留的秸秆垛或根茬垛，逐垛喷施白僵菌粉，这称为"封垛"。用药量按每立方米喷白僵菌粉（每克含30亿活孢子以上）2.5kg计算。在垛的茬口侧面，每立方米用木棍向垛内顶出1个喷粉洞（洞深20cm，直径5cm），将机动喷粉器喷管插入洞中，进行喷粉，待对面有菌粉飞出时停止，再喷其他位置，直到全垛喷完为止。

②施用苏云金杆菌制剂（Bt制剂）：在玉米螟卵孵化率达到30%时，用高秆喷雾器均匀喷施菌Bt乳剂（100亿孢子/mL）200倍液。Bt菌粉（100亿孢子/g），每亩用50g，兑水稀释2 000倍，用药液灌心叶。也可以每亩地用Bt乳剂100~200g，拌细沙3.5~5kg，投入喇叭口中，每株用量"三指一撮"。另外，在玉米大喇叭口末期，可用M-18B型农用飞机超低量喷雾苏云金杆菌油悬浮剂（8 000国际单位/mg），每亩地用药100mL。

③释放赤眼蜂：赤眼蜂会寄生螟卵，使之不能孵化。可释放人工生产的赤眼蜂，控制玉米螟。在玉米螟产卵始盛期，开始第一次放蜂，蜂量每亩地0.5万~0.6万只，1周后第二次放蜂，蜂量每亩地0.9万~1.0万只。每亩地设2~6个放蜂点，将蜂卡挂在放蜂点玉米茎秆中部叶片的背面。另外，还可利用赤眼蜂，携带强致病性昆虫病毒，感染螟卵，造成病害流行，这称为"生物导弹技术"。

二、桃蛀螟

桃蛀螟，又名桃蛀野螟、桃斑螟，俗称蛀心虫。

（一）为害症状

该虫为害玉米雌穗，以啃食或蛀食籽粒为主，也可钻蛀穗轴、穗柄及茎秆。有群居性，蛀孔口堆积颗粒状的粪屑。可与玉米螟、棉铃虫混合为害，严重时整个雌穗都被毁坏。被害雌穗较易感染穗腐病。茎秆、雌穗柄被蛀后遇风易折断。

（二）防治方法

（1）农业防治。秸秆粉碎还田，消灭秸秆中的幼虫，减少越冬幼虫基数。

（2）物理防治。在成虫发生期，采用频振式杀虫灯、黑光灯、性诱剂或用糖醋液诱杀成虫，以减轻下代为害。

（3）化学防治。药剂防治参见"玉米螟"。

三、高粱条螟

（一）为害症状

高粱条螟多蛀入茎内或蛀穗取食为害，咬空茎秆，受害茎秆遇风易折断，蛀茎处可见较多的排泄物和虫孔，蛀孔上部茎叶由于养分输送受阻，常呈紫红色。也可在苗期为害，以初龄幼虫蛀食嫩叶，形成排孔花叶，排孔较长，低龄幼虫群集为害，在心叶内蛀食叶肉，残留透明表皮，龄期增大则咬成不规则小孔，有的咬伤生长点，使幼苗呈枯心状。

（二）防治措施

（1）农业防治。采用粉碎、烧毁、沤肥等方法处理秸秆，减少越冬虫源；注意及时铲除地边杂草，定苗前捕杀幼虫。

（2）生物防治。在卵盛期释放赤眼蜂，每亩1万头左右，隔7~10d放1次，连续放2~3次。

（3）化学防治。在幼虫蛀茎之前防治，此时幼虫在心叶内取食，可喷雾或向心叶内撒施颗粒剂杀灭幼虫。药剂防治参见"玉米螟"。

四、黏虫

黏虫是农作物的主要害虫之一，具有多食性和暴食性，主要为害玉米、高粱、谷子、麦类、水稻、甘蔗等禾本科作物和禾草，大发生时也为害棉花、麻类、烟草、甜菜、苜蓿、豆类、向日葵及其他作物。

（一）为害症状

黏虫是食叶性害虫，1~2龄幼虫聚集为害，在心叶或叶鞘中取食，啃食叶肉残留表皮，造成半透明的小条斑。3龄后食量大增，开始啃食叶片边缘，咬成不规则缺刻。5~6龄幼虫为暴食阶段，可将叶肉吃光，仅剩主脉，果穗秃尖，籽粒干瘪，造成减产或绝收。

（二）防治方法

（1）人工诱虫、杀虫。从成虫羽化初期开始，在田间设置糖醋液诱虫盆，诱杀尚未产卵的成虫。糖醋液配比为红糖3份、白酒1份、食醋4份、水2份，加90%晶体敌百虫少许，调匀即可。配置时先称出红糖和敌百虫，用温水溶化，然后加入醋、酒。诱虫盆要高出作物30cm左右，诱剂保持3cm深，每天早晨取出蛾子，白天将盆盖好，傍晚开盖，5~7d换诱剂1次。

还可用杨枝把或草把诱虫。取几条1~2年生叶片较多的杨树枝条，剪成约60cm长的枝条段，将基部扎紧，就制成了杨枝把。将其阴干1d，待叶片萎蔫后便可倒挂在木棍或竹竿上，插在田间，在成虫发生期诱蛾。小谷草把或稻草把也用于诱蛾，每亩地插60~100个，可在草把上洒糖醋液，每5d更换1次，换下的草把要烧毁。

成虫趋光性强，在成虫交配产卵期，在田间安置杀虫灯，灯间距 100m，在夜间诱杀成虫。

在卵盛期，可顺垄人工采卵，连续进行 3~4 遍。在黏虫大发生年份，如幼虫虫龄已大，可利用其假死性，击落捕杀或挖沟阻杀，防止幼虫迁移。

（2）药剂防治。根据虫情测报，在幼虫 3 龄前及时喷药。用苯甲酰脲类杀虫剂有利于保护天敌。20%除虫脲悬浮剂每亩用 10mL，25%灭幼脲悬浮剂每亩用 25~30g，常量喷雾加水 75kg，用弥雾机喷药加水 12.5kg，配成药液施用。

喷雾法施药还可用 80%敌百虫可溶性粉剂 1 000~1 500 倍液、80%敌敌畏乳油 2 000~3 000 倍液、50%马拉硫磷乳油 1 000~1 500 倍液、50%辛硫磷乳油 1 000~1 500 倍液、20%灭多威乳油 1 000~1 500 倍液、2.5%溴氰菊酯乳油 3 000~4 000 倍液或 25%氧乐·氰乳油 2 000 倍液等。

喷粉法施药可用 2.5%敌百虫粉剂，每亩喷 2~2.5kg。还可用 50%辛硫磷乳油 0.7kg，加水 10kg 稀释后拌入 50kg 煤渣颗粒，顺垄撒施。

五、甘薯跳盲蝽

（一）为害症状

甘薯跳盲蝽，又称小黑跳盲蝽、花生跳盲蝽。以成虫、若虫吸食老叶汁液，被害处呈现灰绿色小点。

（二）防治方法

（1）农业防治。越冬期清除枯枝落叶和杂草，集中烧毁，消灭越冬卵。

（2）化学防治。可用 50%辛硫磷乳油 1 000 倍液，或 48%毒死蜱乳油 1 500 倍液喷雾，每隔 7~10d 喷 1 次，连续 2 次即可。

六、稻赤斑黑沫蝉

（一）为害症状

稻赤斑黑沫蝉，别名赤斑沫蝉、稻沫蝉、红斑沫蝉，俗称雷火虫、吹泡虫，主要为害玉米、水稻，也为害高粱、粟、油菜等。该虫以成虫刺吸玉米叶片汁液，形成黄白色或青黄色放射状梭形大斑，并逐渐扩大，受害叶出现一片片枯白，甚至整个叶片干枯、植株枯死，对产量影响很大。

（二）防治方法

稻赤斑黑沫蝉成虫十分活跃，弹跳力强，飞行速度快，极易惊飞逃逸，药剂很难接触虫体，只有采取综合防治的方法，才能收到较好的效果。

（1）农业防治。及时防除田间及田埂杂草，破坏成虫的生存环境；加强对天敌的保护，可以有效地控制其虫口密度。

（2）人工诱杀。用麦秆或青草扎成 30~50cm 长的草把，洒上少许甜酒液或者糖醋混合液，于傍晚时均匀插在玉米田或稻田四周，每亩插 20 把左右，引诱成虫飞到草把上吸食，次日早上露水未干之前进行集中捕杀。

（3）化学防治。

①若虫防治：若虫生活在土壤中，通过土表裂缝吸食杂草根部汁液，此时可用 3% 克百威颗粒剂拌细土撒施在田埂上进行防治。

②成虫防治：防治时间以清晨、傍晚或阴天为好；施药范围应包括距玉米田田埂 4~6m 的四周杂草；施药时应做到同一片田、同一时间统一行动，同一田块采取从外到内的施药办法；在初见成虫时，可每亩用 48% 毒死蜱乳油 1 000 倍液，或用 45% 马拉硫磷乳油 1 000 倍液喷雾，每隔 7~10d 喷 1 次，连续 2~3 次。

七、二点委夜蛾

（一）为害症状

在玉米 3~6 叶期，幼虫在茎基部蛀孔为害，切断营养物质和水分输导，导致心叶萎蔫，整株枯死。有时还咬断茎基部，也造成幼苗死亡。在 7~10 叶期，幼虫取食气生根近地嫩尖，咬断气生根，受害株倾斜倒伏或生长细弱，结实不良。另外，幼虫也会咬食下部叶片，造成缺刻、孔洞和破损。

（二）防治方法

主要防治麦茬玉米田，尤以麦秸和麦糠覆盖厚的田块为重点，麦收后到玉米 6 叶期前为主要防控时期。

（1）栽培防治。4 月初结合棉花等春播作物的播种，对前茬为棉田、豆田的冬闲田且没有秋耕的地块进行深耕，破坏越冬幼虫栖息场所，减少虫源基数。小麦收割时在收割机上加挂旋耕灭茬装置，粉碎小麦秸秆，在麦田施用秸秆腐熟剂，或人工用钩、耙等农具，局部清理播种沟的麦秸、麦糠等覆盖物，露出播种沟，使玉米出苗后茎基部无覆盖物。也可结合秸秆能源化利用项目，将小麦秸秆全部清理到田外，集中回收再利用。

（2）诱杀成虫。在成虫羽化期（麦收时到玉米 6 叶期前），利用高效频振式杀虫灯大面积诱杀成虫，每 30~50 亩设置一盏诱虫灯。还可用性诱剂和杨树枝把诱虫。

（3）药剂防治。施药方式有撒施毒饵、施用毒土、灌药、喷药等，要配合使用。

①撒施毒饵：每亩用 4~5kg 炒香的麦麸或粉碎后炒香的棉籽饼作为饵料，加 90% 晶体敌百虫或 48% 毒死蜱乳油 300~500g（兑少量水）拌成毒饵，于傍晚顺垄撒施在已清垄的玉米根部周围，不要撒到玉米上。还可用甲维盐、氯虫苯甲酰胺

或辛硫磷配制毒饵。

②施用毒土：每亩用80%敌敌畏乳油300~500mL，加适量水，拌25kg细土或细沙，制成毒土，于早晨顺垄均匀撒在经过清垄的玉米苗旁边。毒土要与玉米苗保持一定距离，以免产生药害。也可用毒死蜱乳油、氯虫苯甲酰胺等制成毒土。

③灌药：每亩用50%辛硫磷乳油或48%毒死蜱乳油1kg，在浇地时随水灌药，灌入田中。最好在清理麦秸、麦糠后，使用机动喷雾机，将喷枪调成水柱状直接喷射玉米根部。同时要培土扶苗。也可用2.5%氯氟氰菊酯1 500倍液灌根。

④喷药：玉米播种后出苗前，用高压喷雾器喷药，打透覆盖的麦秸，杀灭在麦秸上产卵的成虫、卵及幼虫。有效药剂有48%毒死蜱乳油1 000~1 500倍液、80%敌敌畏乳油1 000倍液、40%毒·辛乳油1 000倍液，以及甲维盐、氯虫苯甲酰胺等。不要单独使用菊酯类杀虫剂。

在幼虫2龄期，喷布50%辛硫磷乳油1 000倍液、80%敌敌畏乳油1 000倍液、48%毒死蜱乳油1 000~1 500倍液、40%毒·辛乳油1 000倍液、15%茚虫威悬浮剂3 000倍液、2%甲维盐乳油1 000倍液、4%高氯甲维盐乳油1 000~1 500倍液、20%氯虫苯甲酰胺悬浮剂5 000倍液等。每亩用水量不要低于30kg，对玉米幼苗、田块表面全面喷施，对玉米茎基部及其周围着重喷施。已喷施烟嘧磺隆除草剂的田块，在用药前7d和用药后7d应避免使用有机磷类农药，以免产生药害。

八、棉铃虫

棉铃虫为重要农业害虫，分布广泛，寄主植物多达200余种，主要为害玉米、棉花、麦类、豌豆、苜蓿、向日葵、茄科蔬菜等。近年来对玉米的为害明显加重。玉米田平均减产5%~10%，严重的可达15%以上。

（一）为害症状

初龄幼虫取食嫩叶、花丝和雄花，3龄以后钻蛀为害，多钻入玉米苞叶内，食害果穗，5~6龄进入暴食期。幼虫取食的叶片出现孔洞或缺刻，有时咬断心叶，造成枯心。在叶片上也形成排孔，但孔洞粗大，形状不规则，边缘不整齐。幼虫可咬断花丝，造成籽粒不育。为害果穗时，多在果穗顶部取食，少数从中部苞叶蛀入果穗，咬食幼嫩籽粒，粪便沿虫孔排出。

（二）防治方法

棉铃虫为害的作物种类多，虫源转移关系复杂，防治工作应统筹安排。玉米田在发虫量很少时，可结合其他害虫的防治予以兼治。当发虫量增多时，或玉米田在当地棉铃虫虫源转移中起重要作用时，需采取针对性防治措施。

（1）栽培防治。玉米收获后及时耕翻耙地，实行冬灌，消灭棉铃虫的越冬蛹。在棉田种植春玉米诱集带，诱集棉铃虫成虫产卵，及时捕蛾灭卵，在玉米地边也可种植洋葱、胡萝卜等诱集植物。在成虫发生期设置诱虫灯、性诱剂、杨树枝把等诱杀成虫。

（2）药剂防治。抓住施药关键期，在棉铃虫幼虫3龄以前施药。用于喷雾的药剂有50%辛硫磷乳剂1 000~1 500倍液、44%丙溴磷乳油1 500倍液、45%丙溴·辛硫磷乳油1 000~1 500倍液、44%氯氰·丙溴磷乳油2 000~3 000倍液、2.5%氯氟氰菊酯乳油2 000倍液、4.5%高效氯氰菊酯乳油1 500~2 000倍液、43%辛·氟氯氰乳油1 500倍液、15%茚虫威悬浮剂4 000~5 000倍液、75%硫双威可湿性粉剂3 000倍液、5%氟铃脲乳油2 000~3 000倍液、5%氟虫脲乳油1 000倍液，或1.8%阿维菌素4 000~5 000倍液等。喷药需在早晨或傍晚进行，喷药要细致周到。长期使用单一品种农药，可使棉铃虫的抗药性增强，防治效果下降，因此要合理轮换交替用药。

发生较轻的田块还可施用 3% 辛硫磷颗粒剂，每亩用
0.5kg，拌细土 7.5kg，混匀后撒入心叶。也可在玉米花期，幼
虫 3 龄以前，在雌穗顶端花丝基部滴注 50% 敌敌畏乳油或 50%
辛硫磷乳油 600~800 倍液，或 2.5% 溴氰菊酯乳油 1 000 倍液，
每穗滴配好的药液 0.5mL。

有的地方用剪花丝抹药泥法，防止棉铃虫由顶端蛀入果
穗。该法在玉米果穗花丝萎蔫后，正值 4 代幼虫钻蛀时施药。
一般由两人操作，一人在前，剪果穗花丝和苞叶，另一人随后
抹药泥。药泥用 80% 敌敌畏乳油 50mL，兑水 50kg，加适量细
土，搅拌成泥状制成。每千克药泥可涂抹 150 株左右。

（3）生物防治。要保护和利用天敌，施用杀虫剂时，要
选择对天敌杀伤较轻的品种、剂型或施药方法。在棉铃虫卵
盛期，可人工释放赤眼蜂（每亩 1.5 万~2 万只）。在卵高
峰期至幼虫孵化盛期可喷布苏云金杆菌制剂或棉铃虫核多角体
病毒制剂。喷施棉铃虫核多角体病毒制剂时，若使用含量为
10 亿 PIB/g 的制剂，每亩用药量为 100g 左右；使用含量为
600 亿 PIB/g 的制剂，每亩用药量为 2g 左右，均加水稀释后，
进行常规喷雾或弥雾机喷雾。

九、甜菜夜蛾

甜菜夜蛾又名玉米叶夜蛾，分布广泛，寄主种类多达 170
余种，其中包括玉米、高粱、谷子、甜菜、棉花、大豆、花
生、烟草、苜蓿、蔬菜等。该虫具有暴发性，猖獗发生年份可
造成重大损失，近年来有加重发生的趋势。

（一）为害症状

幼虫取食叶片。低龄幼虫在叶片上咬食叶肉，残留一侧表
皮，成透明斑点，大龄幼虫将叶片吃成孔洞或缺刻，严重的将
叶片吃成网状。为害幼苗时，甚至可将幼苗吃光。

（二）防治方法

（1）诱杀成虫。在成虫数量开始上升时，可用黑光灯、高压汞灯或糖醋液诱杀成虫。也可利用玉米叶夜蛾性诱剂诱杀雄虫。

（2）栽培防治。铲除田边地头的杂草，减少滋生场所；化蛹期及时浅翻地，消灭翻出的虫蛹；利用幼虫假死性，人工捕捉，将白纸或黄纸平铺在垄间，震动植株，幼虫即落到纸上，捕捉后集中杀死；晚秋或初冬翻耕，消灭越冬蛹。

（3）药剂防治。大龄幼虫抗药性很强，应在幼虫2龄以前及时喷药防治。在卵孵化期和1~2龄幼虫盛期施药，用5%高效氯氰菊酯乳油1 500倍液与菊酯伴侣500~700倍液混合于傍晚喷雾。也可用2.5%氟氯氰菊酯乳油1 000倍液加5%氟虫脲乳油500倍液混合喷雾，或10%氯氰菊酯乳油1 000倍液加5%氟虫脲乳油500倍液混合喷雾。晴天在清晨或傍晚施药，阴天全天都可施药。

对大龄幼虫或已经产生抗药性的幼虫，可用10%溴虫腈悬浮液1 000~1 500倍液、48%毒死蜱乳油1 000~1 500倍液、5%氯虫苯甲酰胺悬浮剂1 500倍液、15%茚虫威悬浮剂3 500倍液，或20%氟虫双酰胺水分散粒剂2 500倍液等喷雾。

十、地下害虫

地下害虫是指生活史的全部或大部分时间在土壤中生活，为害植物的地下部分和近地面部分的一类害虫。地下害虫种类较多，这里介绍主要地下害虫，即蛴螬、金针虫、蝼蛄和地老虎。

（一）为害症状

蛴螬的食性很杂，几乎为害包括玉米在内的各种农林植物。蛴螬在土层内活动。在地下取食多种植物的种子、须根、营养根及地下茎的皮层，可深达髓部，还能咬断幼苗的根、茎，断面整齐平截，易于识别。蛴螬为害多造成缺苗、死苗，严重时毁种。

部分种类的成虫取食叶片、嫩茎，将叶片咬食成缺刻或孔洞，严重的仅残留叶脉基部。

金针虫取食土壤中的种子、幼芽或咬断幼苗，有的还蛀入较大玉米苗的地下茎，受害幼苗变黄枯死，造成缺苗断垄。

蝼蛄以成虫、若虫咬食刚播下的种子、幼苗的根和嫩茎，把茎秆咬断或扒成乱麻状，使小苗枯死，大苗枯黄。蝼蛄在表土活动时，挖掘纵横隧道，使幼苗吊空而死。

地老虎幼虫取食幼苗，造成缺苗，严重时毁种。1 龄幼虫取食嫩叶，只吃叶肉，残留表皮和叶脉，2~3 龄咬食叶片，造成孔洞或缺刻，4 龄以后还咬断幼根、幼茎、叶柄，可切断近地面的茎部，使整株枯死。

（二）防治方法

地下害虫种类多，在同一地区可混合发生，同时或交替为害，发生态势复杂，需要在全面调查和掌握虫情的基础上，根据种类、密度、作物的具体情况，统筹安排，综合防治。

（1）栽培防治。调整茬口，合理轮作。蛴螬发生严重的地块可改种双子叶非嗜好作物，或行水旱轮作，以降低虫口密度。播前实行深耕翻犁，休闲地要伏耕，以破坏地下害虫的生活环境和杀伤虫体，或将其翻到土面，经暴晒、冷冻和鸟兽啄食而死亡。要清洁田园，及时铲除田埂、路旁的杂草，减少地下害虫早期食料，破坏其滋生繁殖场所。实行冬灌，生长季节适时灌水，淹死地下害虫，或迫使地下害虫下潜，以减轻为害。要施用充分腐熟的粪肥，避免带入幼虫和卵，施入后要覆土，不能暴露在土表，避免吸引金龟甲、蝼蛄等产卵。

（2）扑杀、诱杀害虫。金龟甲具有假死性，在盛发期，可摇动植株，使之落地后扑杀。春季在蝼蛄开始上升活动而未迁移时，根据地面隆起的虚土堆，寻找虫洞，沿洞深挖，可找到蝼蛄并杀死。夏季在蝼蛄产卵盛期，结合中耕，发现洞口后，向下挖10~18cm即可找到卵室，再向下挖8cm左右就可挖到雌成虫，一并消灭。人工扑杀小地老虎幼虫，可在被害植株的周围用手轻轻扒开表土，捕捉潜伏的幼虫。发现受害株后，每天清晨捕捉，坚持10~15d，即可见效。

金龟甲、沟叩头甲雄虫、蝼蛄、地老虎成虫有趋光性，可设置黑光灯诱杀。

多种金龟甲喜食树木叶片，可于成虫盛发期在田间插入药剂处理过的带叶树枝来毒杀成虫。该法取20~30cm长的榆树、杨树或刺槐的枝条，浸入敌百虫的稀释药液中，或用药液均匀喷雾，使之带药。在傍晚插入田间诱杀成虫。

蝼蛄对马粪有趋性，可将新鲜马粪放置在坑中或堆成小堆诱集，人工扑杀，也可在马粪中拌入0.1%的敌百虫或辛硫磷诱杀蝼蛄。

用泡桐树叶可诱集地老虎幼虫。黄昏后在田间放置泡桐叶片，每3~5片叶放一小堆，每亩地放置泡桐树叶80片左右，黎明时掀起树叶扑杀幼虫，放置1次，效果可持续4~5d。也可用泡桐树叶蘸敌百虫150倍液后直接用于诱杀。地老虎成虫可用糖醋液诱杀。糖醋液用红糖3份、米醋4份、白酒1份、水2份（按重量计），加少量（约1%）敌百虫配制，放在小盆或大碗里，天黑前放置在田间，天明后收回，收集蛾子并深埋处理。每10~15d更换1次糖醋液。

（3）药剂防治。

①种子处理：50%辛硫磷乳油用种子重量0.1%~0.2%的药量拌种，先用种子重量5%~10%的水将药剂稀释，稀释液用喷雾器喷洒在种子上，堆闷12~24h，待种子将药液完全吸收后，摊开晾干即可播种。用48%毒死蜱乳油10mL，加水1kg稀释后拌种10kg，堆闷3~5h后播种。另外，30%氯氰菊

酯悬浮种衣剂，可按 1：40 的药种比进行拌种。

近年也利用吡虫啉或噻虫嗪等新药剂拌种，或用含有相同成分的种衣剂包衣，可防治地下害虫，同时兼治苗期蓟马、蚜虫、灰飞虱等。例如，70%吡虫啉湿拌种剂按种子量的 0.6%进行种子包衣，70%噻虫嗪种子处理可分散粉剂 5g，兑水 50g，拌玉米种子 2.5kg。

②土壤处理：常用有机磷杀虫剂毒土或颗粒剂进行土壤处理。

90%敌百虫晶体 1.4kg 加少量水稀释后，喷拌 100kg 细土，制成毒土，将毒土撒于播种穴中或播种沟中，但不要接触种子。2.5%敌百虫粉剂每亩用 1.5~2kg，拌细土 20~25kg，撒施幼苗根部附近，结合中耕埋入浅层土壤。

50%辛硫磷乳油每亩用 250mL，兑水 1~2kg，拌细土 20~25kg 制成毒土，耕翻时均匀撒于地面，随后翻入土中。3%辛硫磷颗粒剂每亩用 4kg，或 5%辛硫磷颗粒剂每亩用 2kg，拌细土后在播种沟中撒施。也可在苗期每亩用 3%辛硫磷颗粒剂 2~3kg，顺行开小沟撒施入土中，随即覆土。

3%氯唑磷（米乐尔）颗粒剂每亩用药 2~5kg，拌细土 50kg 后均匀撒施在植株根际附近，或均匀撒于地表，再耙入土中。40.7%毒死蜱乳油 150mL，拌干细土 15~20kg 制成毒土施用。

③施用毒饵：诱杀蝼蛄可用炒香的谷子、麦麸、豆饼、米糠或玉米碎粒等作饵料，拌入饵料量 1%的 90%敌百虫结晶做成毒饵。操作时先用适量水将药剂稀释，然后喷拌饵料。施用时将毒饵捏成小团，散放在株间、垄沟内或放在蝼蛄洞穴口，诱杀蝼蛄，毒饵不要与苗接触，浇水时应先将毒饵取出。也可在田间每隔 3~4m 挖一浅坑，在傍晚放入一团毒饵再覆土。

诱杀地老虎幼虫可用 90%敌百虫 0.5kg，加水稀释 5~10倍，喷拌铡碎的鲜菜叶、苜蓿叶等 50kg，制成毒饵。傍晚成小堆撒在田间，诱杀幼虫。也可用豆饼、油渣、棉籽饼或麦麸做诱饵，方法是将粉碎过的豆饼等 20～25kg 炒香后，用 50% 辛硫磷或 50% 马拉硫磷 0.5kg 稀释 5～10 倍的药液，喷拌均匀制成。然后按每公顷 30～37.5kg 的用量，将毒饵撒入田间。还有的地方用 50% 敌敌畏乳油 1 000 倍液喷拌莴笋叶，然后放入田间，效果也好。

④灌根、喷雾：在蛴螬、金针虫、地老虎等发生严重的地块，可用 80% 敌百虫可溶性粉剂 1 000 倍液、50% 辛硫磷乳油 1 000～1 500 倍液，或 48% 毒死蜱乳油 1 500 倍液进行灌根。也可进行地面喷粗雾，每亩喷药液 40kg。防治蝼蛄可用 50% 辛硫磷乳油 1 000～1 500 倍液或 80% 敌敌畏乳油 2 500 倍液灌注蝼蛄隧洞的穴口，也可从穴口滴入数滴煤油，再向穴内灌水。为害严重的地块，可用药液灌根。

防治金龟甲成虫，可对成虫期集中取食的作物、杂草、树木等施药。可在盛发期用 80% 敌百虫可溶性粉剂 1 000 倍液或 50% 辛硫磷乳油 1 000～1 500 倍液喷雾。

喷药防治小地老虎幼虫，需在 3 龄前施药，可用 80% 敌百虫可溶性粉剂 1 000 倍液、50% 辛硫磷乳油 1 000～1 500 倍液、2.5% 溴氰菊酯乳油 2 000 倍液或 20% 菊·马乳油 3 000 倍液等。

十一、大螟

（一）为害症状

以幼虫为害玉米。苗期受害后叶片上出现孔洞或植株出现枯心、断心、烂心、矮化，甚至形成死苗。在喇叭口期受害后，可在展开的叶片上见到排孔。幼虫喜取食尚未抽出的嫩雄穗，还蛀食玉米茎秆和雌穗，造成茎秆折断、烂穗。

大螟为害的孔较大，有大量虫粪排出茎外。

（二）防治方法

（1）农业防治。控制越冬虫源，在冬季或早春成虫羽化前，处理存留的虫蛀茎秆，杀灭越冬虫蛹。人工灭虫，在玉米苗期，人工摘除田间幼苗上的卵块，拔除枯心苗（原始被害株，带有低龄幼虫）并销毁，降低虫口，防止幼虫转株危害。

（2）化学防治。在大螟卵孵化始盛期初见枯心苗时，选用18%的杀虫双水剂、10%虫螨腈悬浮剂或48%毒死蜱乳油喷雾防治，重点喷到植株茎基部叶鞘部位。

十二、双斑长跗萤叶甲

双斑长跗萤叶甲又名双斑萤叶甲，是农作物的主要害虫，分布广泛。

（一）为害症状

双斑萤叶甲成虫取食玉米叶片、花丝和刚灌浆的嫩粒。受害株叶片出现缺刻和孔洞，严重的仅残留叶脉。该虫喜食花药、花丝，使玉米不能正常扬花和授粉。籽粒受害后破碎，可诱发穗腐病。

（二）防治方法

（1）栽培防治。要及时铲除田边、地埂、沟边杂草，秋季耕翻灭卵，实行冬灌。受害田块要及时补水、补肥，以促进生长，减轻损失。发生不多时，可在田边人工扫网捕杀。

（2）药剂防治。发生较轻时，可在防治其他害虫时予以兼治。发生较重时，应在成虫盛发期产卵之前喷药。有的地方以抽雄、吐丝期百株虫口300只，被害株率30%作为防治指标，可供参考。有效药剂有4.5%高效氯氰菊酯乳油1 500倍液、2.5%三氟氯氰菊酯2 000倍液、48%毒死蜱乳油1 000倍液等。喷药时间最好在17时之后，9时之前。玉米扬花期不得喷药，以免影响授粉。

十三、稻绿蝽

（一）为害症状

成虫和若虫群集果穗，刺吸汁液。玉米吐丝开花期受害，果穗弯曲畸形，灌浆期受害则籽粒变白、空瘪。另外，受害果穗易被真菌侵染，发生穗腐病。

（二）防治方法

要及时清除田间枯枝落叶，铲除田内外的杂草。发生较多时，可人工摘除卵块，扑杀成虫和若虫。重点喷药防治成虫和1~2龄若虫。可供选用的药剂有90%敌百虫晶体1 000~1 500倍液、10%吡虫啉可湿性粉剂1 500倍液、2.5%溴氰菊酯乳油3 000~4 000倍液、2.5%三氯氟氰菊酯乳油3 000~4 000倍液等。发生较少时，可在防治其他害虫时予以兼治，不需单独喷药。

十四、斑须蝽

斑须蝽分布在全国各地，为多食性害虫，寄主有玉米、小麦、大麦、谷子、水稻、豆类、棉花、烟草、蔬菜、果树等，近年有加重发生的趋势。

（一）为害症状

成虫和若虫为害幼嫩果穗和叶片，刺吸汁液。受害果穗的籽粒空瘪，叶片上出现黄褐色斑点。

（二）防治方法

虫口较少时，不需要进行专门防治。发生较多时，可人工摘除卵块，结合其他害虫防治，喷施有机磷杀虫剂或菊酯类杀虫剂。

十五、赤须盲蝽

赤须盲蝽是多食性害虫，分布广泛，玉米田常见，局部地块受害严重。除玉米外，还为害小麦、杂粮、牧草、棉花、马铃薯、向日葵、甜菜、芝麻、大豆、蔬菜、花卉、绿肥作物等。

（一）为害症状

成虫和若虫的口器刺入玉米幼嫩叶片、雄穗和花丝，吸取汁液，影响生长。叶片被刺吸处出现黄白色小斑点。严重时叶片布满斑点，失水状，从顶端逐渐向内纵卷。心叶受害后生长受阻，展开的叶片出现小孔洞或叶片破碎。

（二）防治方法

以主要为害作物为重点，采取综合防治措施，包括彻底清除残株和杂草，减少越冬虫源，人工扑杀成虫等。药剂防治可喷布5%吡虫啉乳油1 000~1 200倍液、4.5%高效氯氰菊酯乳油2 000~2 500倍液，或2.5%三氯氟氰菊酯乳油2 000~3 000倍液等。玉米田发生不严重时，可在防治其他害虫时兼治，不必单独施药。

玉米田还可发生绿盲蝽、牧草盲蝽等盲蝽类害虫，防治方法参照"赤须盲蝽"。

十六、蚜虫

蚜虫是玉米的重要害虫，在为害玉米的多种蚜虫中，以玉米蚜和黍蚜最常见。玉米蚜又名玉米缢管蚜，黍蚜又名粟缢管蚜或小米蚜，均分布在全国各地，可为害玉米、谷子、高粱、麦类、水稻等禾本科作物及多种禾本科草。

（一）为害症状

成、若蚜群聚玉米叶片、叶鞘、雄穗、雌穗苞叶等处，刺吸植物组织的汁液，引致叶片等受害部位变色，生长发育受抑，严重时植株枯死。玉米蚜虫还分泌蜜露，使受害部位"起油"发亮，后生霉变黑。蚜虫可传播玉米矮花叶病毒和大麦黄矮病毒等重要植物病毒。

（二）防治方法

蚜虫的防治应兼顾各种寄主作物，统筹安排。

（1）栽培防治。及时清除田埂、地边杂草与自生麦苗，减少蚜虫越冬和繁殖场所。发生严重的地区，可减少玉米的播种面积。玉米自交系、杂交种间抗蚜性有明显差异，应尽量选用抗蚜自交系与杂交种。

（2）药剂防治。要慎重选择防治药剂，应用对天敌安全的选择性药剂，如抗蚜威、吡虫啉、生物源农药等。要改进施药技术，调整施药时间，减少用药次数和数量，避开天敌大量发生时施药。根据虫情，挑治重点田块和虫口密集田，尽量避免普治，以减少对天敌的伤害。

在玉米心叶期发现有蚜株后即可针对性施药，有蚜株率达到30%~40%，出现"起油株"时应进行全田普治。防治蚜虫的有效药剂较多，要轮换使用，防止蚜虫产生抗药性。常用药剂和每亩用药量如下：50%抗蚜威可湿性粉剂10~15g、10%吡虫啉可湿性粉剂20g、24%抗蚜·吡虫啉可湿性粉剂20g、40%毒死蜱乳油50~75mL、25%吡蚜酮可湿性粉剂16~20g、3%啶虫脒可湿性粉剂10~20g（南方）或30~40g（北方）、2.5%高渗高效氯氰菊酯乳油25~30mL、4.5%高效氯氰菊酯40mL。均加水30~50kg常量喷雾，也可加水15kg，用机动弥雾机低容量喷雾。

还可混合使用不同成分的药剂，如啶虫脒+高效氯氟氰菊酯、抗蚜威+啶虫脒等。折算每亩用药量，前者为3%啶虫脒乳油20mL+2.5%高效氯氟氰菊酯乳油10mL，后者为50%抗蚜威可湿性粉剂5g+3%啶虫脒乳油20mL，均在蚜虫始盛期喷雾施用。

十七、玉米耕葵粉蚧

玉米耕葵粉蚧是一种地下害虫，主要为害玉米幼苗，也为害小麦、高粱、谷子等禾本科作物及禾草。在黄河中下游玉米产区，近年发生增多，分布较普遍。

（一）为害症状

蚧虫的雌成虫和若虫将口器插入植物组织，吸取汁液。玉米耕葵粉蚧的雌成虫和若虫群集在幼苗根部、近地表的茎基部和叶鞘内为害，使玉米根系发育不良，根尖、茎基部变黑腐烂，严重时根茎变粗呈畸形。地上部矮小、细弱、发黄，叶片从叶尖和叶缘开始干枯，造成死苗或严重减产。

（二）防治方法

（1）栽培防治。发生严重的地块改种豆类和棉花等双子叶作物。种植苗期发育较快、抗逆性较强的玉米杂交种。玉米、小麦收获后翻耕灭茬，把根茬携出田外集中烧毁。冬季在小麦田间浇冻水，提高土壤湿度，诱使卵囊发霉腐烂。玉米要适期播种，避免过早或过晚。玉米田及时中耕，铲除禾本科杂草。要加强肥水管理，提高土壤湿度，促进玉米根系发育。

（2）药剂防治。1龄若虫体表无蜡粉保护，1龄若虫期是药剂防治的适期。可用50%辛硫磷乳油1 000倍液，或48%毒死蜱乳油1 000倍液喷施玉米幼苗基部或灌根，每株用药液量100~150g。也可每亩用50%辛硫磷乳油1kg随水浇灌。

毒土法施药可用5%毒死蜱颗粒剂，每亩用1~2kg，加细潮土20~30kg拌均匀，制成毒土。将毒土撒施于行间或者每株根部堆放5~6g，然后浇水。

十八、飞虱

飞虱是同翅目飞虱科害虫，为害玉米的飞虱有灰飞虱、白背飞虱等多种，玉米受害程度因地而异。飞虱的寄主广泛，除玉米外，也为害水稻、麦类、高粱、谷子等禾谷类作物及多种禾本科草。

（一）为害症状

成虫、若虫刺吸叶片汁液，使叶片发黄干枯，造成减产。灰飞虱能传播玉米条纹矮缩病毒、水稻黑条矮缩病毒（引起玉米粗缩病）等多种植物病毒。白背飞虱主要传播南方水稻黑条矮缩病毒。

（二）防治方法

飞虱寄主种类多，可在各茬寄主作物间辗转为害，需通盘考虑，协调玉米田、麦田、稻田的防治。

（1）栽培防治。要调整作物结构，尽量减少小麦田套播玉米、玉米田套播小麦等种植方式。在小麦、玉米复种地区，冬小麦应适期播种，避免早播，以减轻秋苗发虫数量，也要适当调整玉米播种期，避免灰飞虱迁移高峰期与作物易感生育期相重合。要及时清除田边、道路、沟渠中的杂草，减少灰飞虱滋生场所。

（2）药剂防治。要搞好虫情测报，及时掌握飞虱的种群消长动态，准确预报发生期、防治适期和重点防控田。

播前种子处理可用吡虫啉、噻虫嗪拌种或包衣，控制苗期灰飞虱。例如，70%吡虫啉（高巧）湿拌种剂按种子量的0.6%进行拌种或包衣，或用60%吡虫啉悬浮种衣剂30mL，加2%戊唑醇10mL，兑水300～400mL，包衣玉米种子5～6kg。70%噻虫嗪（锐胜）种子处理可分散粉剂5g，兑水50g，搅拌均匀后可拌种2.5kg。

在玉米出苗后，6叶期以前，对发虫田块进行喷药。有效药剂品种很多，可根据具体情况选用。有机磷杀虫剂可用45%马拉硫磷乳油1 500倍液、48%毒死蜱乳油2 000倍液等喷雾。

氨基甲酸酯类杀虫剂可用25%速灭威可湿性粉剂，每亩用药150g，加水50kg喷雾。10%异丙威（叶蝉散）可湿性粉剂，每亩用250g，加水50kg喷雾。50%混灭威乳油用2 000倍液喷雾。另外，每亩用2~2.5kg2%异丙威粉剂，直接喷粉或混细土15kg后均匀撒施。

在菊酯类杀虫剂中，常用2.5%溴氰菊酯乳油2 000~3 000倍液、10%氯氰菊酯乳油2 000~3 000倍液等喷雾。

噻嗪酮（扑虱灵）是噻二嗪酮化合物，具有很强的触杀和胃毒作用，对低龄若虫防治效果好。25%噻嗪酮可湿性粉剂可用1 500~2 000倍液喷雾，或每亩用药25~30g，加水50kg喷雾。

吡虫啉属于硝基亚甲基类内吸杀虫剂，有触杀作用、胃毒作用。10%吡虫啉可湿性粉剂用2 000~2 500倍液喷雾。

吡蚜酮属于吡啶杂环类内吸杀虫剂，对害虫具有触杀作用，能使害虫立即停止取食，该剂高效、低毒、高选择性，对环境生态安全，适用于防治已对有机磷或氨基甲酸酯类杀虫剂产生抗药性的害虫。防治灰飞虱，每亩用25%吡蚜酮可湿性粉剂15~20g，加水40~60kg喷雾，持效期长达20~30d。

灰飞虱已先后对有机磷杀虫剂、氨基甲酸酯类杀虫剂、吡虫啉等产生了抗药性，各地抗药性程度和发展动态不同，需加强抗药性监测，合理选用杀虫剂。为了延缓抗药性的产生，不要长期或多次使用有效成分相同的药剂，应轮换使用或混合使用有效成分不同的药剂。

十九、叶蝉

玉米田叶蝉种类繁多，有大青叶蝉、三点斑叶蝉、条沙叶蝉、黑尾叶蝉、白边大叶蝉、二点叶蝉、电光叶蝉、小绿叶蝉等。大青叶蝉最常见，各地都有发生。

（一）为害症状

成虫和若虫用刺吸式口器在叶片、茎秆等部位刺破表皮，吸食汁液，分泌毒素。玉米被害叶面有多数细小白斑。幼苗严重受害时，叶片布满白斑，一片苍白，有时还发黄卷曲，甚至枯死。三点斑叶蝉初期沿玉米叶脉吸食汁液，叶片出现零星小白点，以后斑点布满叶片，有时还出现紫红色条斑，受害严重时叶片干枯死亡。叶蝉可传播多种植物病毒。

（二）防治方法

叶蝉寄主种类多，玉米田叶蝉的防治要与水稻、小麦和其他受害作物的防治相互协调与配合。

（1）栽培防治。玉米或小麦收获后要及时耕翻灭茬，旱地深翻两遍后，耙松剔出根茬，同时清除自生苗，铲除杂草，特别是禾本科杂草，以减少虫源。提倡与非禾本科作物进行轮作。在玉米生长期间，也要及时中耕，铲除田边、田间杂草。要合理密植，加强田间肥水管理。在叶蝉成虫发生期间，可设置黑光灯诱杀。

（2）药剂防治。叶蝉为害轻微时，不需要单独施药，可在防治其他害虫时予以兼治。在虫口密度较高时，需及时喷药防治，对于春季先在冬小麦和杂草上取食繁殖的种类，要先对麦田和杂草施药，减少进入玉米田的叶蝉数量。在玉米 3~5 叶期，可喷施 10% 吡虫啉可湿性粉剂 2 500~3 000 倍液，或 10% 氯噻啉可湿性粉剂 4 000 倍液。氯噻啉是一种新烟碱类杀虫剂，毒性低，杀虫谱广，用于防治叶蝉、飞虱、蓟马、蚜虫、螟虫等。

二十、蓟马

蓟马为害多种禾本科作物和禾草。玉米区广泛采用免耕技术，小麦收获后带茬播种玉米，之前在小麦和麦田杂草上为害的蓟马，得以及时转移到玉米幼苗上为害，致使苗期蓟马为害加重。为害玉米的重要种类有禾蓟马、玉米黄呆蓟马和稻管蓟马等。

（一）为害症状

成虫、若虫（1~2龄）为害叶片等幼嫩部位，以锉吸式口器锉破植物表皮，吸取汁液。禾蓟马和稻管蓟马首先在叶片正面取食，玉米黄呆蓟马首先在叶片背面取食。受害的叶片出现断续或成片的银白色条斑，有时还伴随小点状虫粪，严重时叶背如涂抹一层银粉，叶片端半部变黄枯干。蓟马喜在喇叭口内取食，受害心叶发黄，不能展开，卷曲或破碎。严重受害株矮化，生长停滞，大批死苗。

（二）防治方法

（1）栽培防治。实行合理的轮作倒茬，减少麦田套种玉米，清除田间杂草和自生苗，破坏其越冬场所，减少越冬虫源。选用抗虫、耐虫品种，适时播种，使玉米苗期尽量避开蓟马迁移或为害高峰期。要合理密植，适时灌水施肥，喷施叶面肥，促进玉米早发快长，减轻受害。

（2）药剂防治。有研究提出玉米苗期蓟马虫株率40%~80%、百株虫量达300~800只时，应及时进行药剂除治，有效药剂有10%吡虫啉可湿性粉剂2 000~2 500倍液、40.7%毒死蜱乳油1 000~1 500倍液、80%敌敌畏乳油1 000倍液、90%晶体敌百虫1 500~2 000倍液、10%溴虫腈悬浮剂2 000倍液、20%吡·唑乳油2 000倍液、4%阿维·啶虫乳油3 000倍液等。喷药要周到，需将药液喷到玉米心叶内。另外，用60%吡虫啉悬浮种衣剂拌种，防效也好。

二十一、叶螨

为害玉米的叶螨主要有朱砂叶螨、二斑叶螨和截形叶螨等。叶螨多食性，除玉米外，还为害麦类、杂粮、豆类、棉花、向日葵、马铃薯、蔬菜等几十种农作物。

（一）为害症状

叶螨一般在抽穗后开始为害玉米，在为害发生早的年份，6叶期玉米即遭受为害。成螨和若螨聚集在叶片背面，刺吸叶片中的养分，有吐丝结网的习性。

被害叶片上出现细小的黄白色斑点，逐渐褪绿变黄，干枯死亡，叶片背面可见螨体和网絮状物。被害玉米籽粒秕瘦，严重减产。

（二）防治方法

（1）栽培防治。秋收后清除田间玉米秸秆、枯枝落叶等植物残体，深翻土地，将土壤表层越冬虫体翻入深层致死。实行冬灌，早春清除田间地边和沟渠旁杂草，以减少叶螨越冬和繁殖存活的场所。在作物生长期间，适时进行中耕除草和灌溉。在玉米大喇叭口期增施速效肥，增强抗螨能力，减轻损失。及时摘除玉米下部1～5片发虫叶片，带至田外烧毁。玉米要尽量避免与豆类、棉花、瓜菜等叶螨喜食作物间作套种，有条件的地方应推行水旱轮作。在重发生区应种植抗旱性强的抗螨玉米品种。

（2）药剂防治。加强田间监测，及时在叶螨点片发生的初期阶段用药。可选用的药剂有1.8%阿维菌素（齐螨素）乳油1 000～2 000倍液、20%双甲脒（螨克）乳油1 000～1 500倍液、73%炔螨特（克螨特）乳油2 500倍液、50%溴螨酯（螨代治）乳油2 000～3 000倍液、5%噻螨酮（尼索朗）乳油2 000倍液、20%甲氰菊酯乳油2 000倍液、34%柴油·达螨灵乳油（杀螨利果）1 500倍液、20%四螨嗪悬浮剂2 000倍液，或5%唑螨酯悬浮剂2 000倍液等。喷药要细致周到，重点是中下部叶片的背面。

二十二、草地贪夜蛾

（一）为害症状

草地贪夜蛾又叫行军虫、草地夜蛾、秋黏虫等，属于鳞翅目害虫。幼虫最喜欢啃食玉米，水稻等农作物，给农作物造成很大的为害，如果发生过早，防治不及时，可造成玉米心叶被虫子咬坏，破坏生长点，成为不能结实的玉米空株。

（二）防治方法

（1）使用诱杀式黑光灯诱杀玉米地草地贪夜蛾成虫。

（2）使用药剂防治玉米地草地贪夜蛾幼虫。草地贪夜蛾药剂防治，要选择低毒高效、残留量少、残留时间短、无公害的农药。在玉米地草地贪夜蛾卵刚孵化成若虫阶段：①使用10%氯氰菊酯乳油1 200～1 600倍液在玉米叶面均匀喷雾。②使用5%高效氯氰菊酯乳油1 200～1 600倍液在玉米植株茎叶均匀喷雾。③使用25%灭幼脲3号悬浮液药剂1 600～2 000倍液叶面喷雾。④使用25%噻嗪酮可湿性粉剂1 500～2 000倍液在玉米叶面喷雾。⑤使用10%吡虫啉可湿性粉剂4 000倍液叶面喷雾。⑥使用90%晶体敌百虫1 000～2 000倍液在玉米叶面上均匀喷雾。⑦使用2.5%溴氰菊酯乳油3 000～4 000倍液叶面喷雾。

第三节　草　害

一、常见杂草及特点

田间杂草主要有马唐、稗、马齿苋、反齿苋、香附子等。

麦茬免耕田玉米、大豆6月中下旬播种，马唐、稗等杂草出苗比玉米、大豆早，杂草的竞争力强，前期防除较困难。田间多年生杂草发生程度相对较轻，禾本科杂草发生、为害较重。

二、防治方法

（一）推广抗病高产玉米品种

推广应用耐除草剂性强、抗病性好、抗旱、耐涝、稳产性好、抗倒性好的优质玉米品种，如秋田 158、秋田 108、泉玉 86 号、丹玉 405 号、泉玉 10 号、兴农 168 号等。

（二）土壤封闭处理

地块平整时，人工拣出田间残茬与杂物；地块平整播种后，当日或翌日及时施药，每亩可用 68.6% 嗪草酮·乙草胺乳油 140~160mL、42% 异甲·嗪草酮乳油 150~200mL，或 600g/L 嗪草酮悬浮剂 70~80mL 与 960g/L 精异丙甲草胺乳油 50~85mL 混用。施药时根据土壤墒情确定兑水量，推荐每亩加水 40~60L，均匀喷雾。该除草技术同时也适用于玉米大豆间套作种植模式，但大豆出苗后慎用，避免大豆发生药害。

（三）化学处理

玉米田间杂草以阔叶杂草为优势群落时，可选用含烟嘧磺隆、莠去津、硝磺草酮、氯氟吡氧乙酸等成分的复配制剂进行茎叶喷雾，每亩用量为 24% 烟嘧·莠去津可分散油悬浮剂 100~150mL、25% 硝磺草酮·莠去津悬浮剂 200~300mL、28% 烟嘧磺隆·莠去津·氯氟吡氧乙酸可分散油悬浮剂 100~120mL。

施药时期为玉米出苗后或移栽后 3~5 叶期、田间一年生杂草 2~4 叶期。

玉米田间杂草以禾本科杂草为优势群落时，可选用含莠去津、硝磺草酮、精异丙甲草胺等成分的复配制剂茎叶喷雾，每亩用量为 33.5%甲基磺草酮·异丙草胺·莠去津悬浮剂 150~250mL、50%硝磺草酮·莠去津·乙草胺悬乳剂 180~210mL。施药时期为玉米出苗后或移栽后 2~4 叶期，田间一年生杂草 1~3 叶期。该类药剂提前施药不仅能防治已出苗杂草，还可起到土壤封闭作用，大大提高杂草防除效果和增加持效期，避免除草剂再次施用。

第四节 病虫草害统防统治

一、玉米病虫草害综合防控技术

(一) 农业防控技术

推广精耕细作、平衡施肥、增施磷钾肥等丰产健身栽培技术；对黑粉（穗）病发病株在未散苞前及时割除，装入袋中带出田外集中销毁或深埋。

(二) 物理防控技术

使用佳多频振杀虫灯诱杀玉米螟、地下害虫及小地老虎成虫；性诱剂诱杀 1、2 代玉米螟成虫。

(三) 新型化学药剂防治

（1）播种前用戊唑醇＋精甲·咯·嘧菌种衣剂拌种，溴氰虫酰胺苗后喷雾；用吡虫啉（高巧）+丙森锌（安泰生）拌种等不同措施进行防治。

（2）大喇叭口期用氯虫苯甲酰胺+吡唑醚菌酯防治 3 代玉米螟和玉米大斑病。

二、统防统治措施

做好玉米病虫草害的防治工作是保障玉米生产高产稳产的重要技术手段之一。要按照"一控两减三基本"目标要求，转变防治观念，改变防控方式。选用优良有抗性的品种，调整作物布局，进一步加强病虫监测预报，强化对农药使用者的技术培训，不断完善植保专业化服务组织的建设，推动统防统治和绿色防控，减少农药使用量，提高防治效果，增加农民收益。

（一）选用抗性品种

玉米品种间抗性差异比较明显，通过在本地试验示范，筛选出相对优质高抗品种进行推广，淘汰劣质高感品种。

（二）播种前防治

用戊唑醇+噻虫嗪，或精甲·咯·嘧菌，或吡虫啉（高巧）+丙森锌（安泰生）拌种，重点防治地下害虫和玉米丝黑穗病。

（三）苗期至大喇叭口期

幼苗期采用高氯氟·噻虫嗪，混喷溴氰虫酰胺（倍内威）、苯醚甲环唑、四氯虫酰胺、醚菌酯等杀虫剂和杀菌剂，重点防控地下害虫、玉米蓟马、玉米螟、黏虫、二点委夜蛾、玉米叶螨和病毒病、瘤黑粉病。

（四）灌浆期前后

用氯虫苯甲酰胺+吡唑醚菌酯（凯润），或四氯虫酰胺+苯甲·嘧菌酯混合喷雾，重点防控玉米螟、棉铃虫、玉米叶螨、大（小）斑病。可与芸苔素内酯等混用提高防效，降低用药量。

（五）合理作物布局

在种植布局上，适当减少玉米的种植面积，增加大豆及其他经济作物的面积，以破坏病虫害与寄主间的依赖生存环境。

（六）加强玉米病虫草害预测预报

加强对玉米病虫草害的监测力度，加大投入，改善测报基础设施，加快与信息时代的对接。加强对新发病虫草害的关注和监测，以有效应对突发病虫害的发生。加强对测报基点的建设，每个基点责任到人，定时定期上报信息，以便提高预报的及时性和准确度，指导农户适时防治各种病虫害，提高防效，降低损失，增加收益。鉴于目前植保测报技术人员老龄化的问题，要强化和稳定测报人员队伍，以保持测报工作的稳定性和连续性。提高测报人员待遇，调动测报人员的工作积极性，开展不同形式的技术培训，以适应新形势下的发展需要。

（七）大力推动专业化统防统治

与绿色防控相融合大力扶持发展以家庭农场、专业合作社、种植大户、农药经销商为依托的多元化植保服务组织，扶强扶优，以点带面，大规模开展专业化统防统治。加大生物防治、物理防控、生态调控和科学用药等绿色防控产品的推广力度，集成一批防治效果好、操作简便、农民接受的综合技术模式，加大绿色防控技术的推广应用，推进专业化统防统治与绿色防控融合，解决一家一户"打药难""乱打药"等问题，逐步实现农作物病虫害全程绿色防控的规模化实施、规范化作业。推广应用飞机、自走式喷雾机、烟雾机等高效先进植保药械，提高农药利用率和防治效果。

（八）加强售药及施药人员专业培训

要做好玉米病虫草害的防治工作，提高施药技术是关键。首先，培训农药经营户，使他们在销售农药时正确指导用药者，保证农药的合理正确使用。其次，对农药使用者进行培训，要重点培训农业经营大户，让他们了解农药本身的性能特点，掌握本地的气候、土壤等自然条件，使他们能够根据当时的气象生态条件、苗情、草情、病虫情等选择出适宜的施药时间、准确的用药量、正确的药械进行病虫草害防治，从而避免或最大限度地减少药害的产生。

（九）推行科学安全施药技术

1. 要做到对症下药

根据玉米病虫草害发生的实际情况，筛选出使用剂量低、防治效果好、环境安全的农药，推荐给广大农户使用，严禁使用高毒农药。

2. 要抓住玉米病虫发生关键时期施药

在害虫发生前期抵抗力最弱的时期及发育阶段中接触药剂最多的时间施用农药，在病害初发可控期预防，提高防治效果。要提高施药技术。科学指导农民采用混用和交替适时施药，减少长期使用单一品种，防止玉米病虫产生抗药性。特别要注意选择使用对玉米病虫害有毒力而对益虫杀伤力较小且可以兼治多种病虫的农药。

3. 要推广使用新型药械

加大新型药械研发、生产力度，加快药械更新换代。积极推广使用新型植保药械，严把施药质量关，减少浪费，提高农药利用率。

第六章　玉米防灾减灾技术

第一节　冷　害

冷害是指在作物生长季节 0℃ 以上低温对作物的损害，又称低温冷害。

一、症状

受到低温冷害的玉米主要表现为红叶症，即植株上部的幼嫩叶片从夜间向下发红，仅主脉不变颜色。一些冷害较轻的品种表现为顶部幼嫩叶片轻微发红或发黄。

二、减灾措施

选育耐寒品种。根据区域生态特点，选育、推广适合本地的生育期适中、耐低温的品种。

适期播种。结合当地气象条件，安排适当播种期，避免冷害威胁。

合理施肥，培育壮苗。增施有机肥可以改善土壤结构，协调水、肥、气、热，为培养壮苗提供良好基础，提高抗寒能力。

第二节　霜　害

霜冻指 0℃ 以下低温引起作物受害，即由于冷空气突然侵入，使气温骤降至0℃或0℃以下。

一、症状

霜冻危害植物的实质是低温冻害，是因为植物组织中结冰导致植物组织损伤或死亡。-3℃是玉米3叶期幼苗致死的临界温度，低温持续时间2h为致死的临界时间。高于-3℃的短时间的低温，边缘坏斑不会消失。

二、减灾措施

选择抗寒品种，适时播种。选择抗寒能力较强、生育期适宜玉米品种。掌握当地低温霜冻发生的规律，使玉米播种于"暖头寒尾"，成熟于初霜之前；相同生育期品种，应选择灌浆脱水速率快的品种。

防霜。在预计有霜冻出现的前两天傍晚灌水，增加土壤水分，可延缓地表温度的降低；在霜冻来前两小时在风口大量点燃能产生大量烟雾的物质，如秸秆、杂草等，改变局部环境，降低冻害损失，但此法会污染大气；用稻草、杂草、尼龙薄膜等覆盖作物或地面，使覆盖物温度比气温高1~3℃；霜冻来临前3~4d，在玉米田间施上厩肥、堆肥和草木灰等，既能提高地温，又能增加土壤肥力。

霜冻发生后，及时补救。仔细观察主茎生长锥是否冻死，若只是上部叶片受到损伤，心叶基本未受影响，及时进行中耕松土，提高地温，追施速效钾，促进新叶生长。如果冻害特别严重，玉米全部死亡，要及时改种早熟玉米或其他作物。

第三节　热害

高温对作物的生长发育以及产量造成的危害，称为高温热害。

一、症状

高温条件下玉米光合作用减弱，呼吸作用增强，呼吸消耗明显增多，干物质积累量明显下降。温度持续高于35℃时不利于花粉形成，开花散粉受阻，雄穗分支变小，数量减少，小花退化，花粉活力降低。

二、减灾措施

选育推广耐旱品种，预防高温危害。筛选和种植高温条件下授粉、结实良好，叶片短、厚，直立上冲，持绿时间长、光合积累效率高的品种。

利用调整种植方式、调节播期等方法，使作物敏感期错开高温时段。可以采用宽窄行种植有利于改善田间通风透光条件，苗期进行蹲苗，合理施肥，提高期自身耐高温能力。较长时间的持续高温，一般集中发生在7月中旬至8月上旬，春播玉米可在4月上旬适当覆膜早播。夏播玉米可推迟至6月中旬播种，使不耐高温的玉米品种开花授粉期避开高温天气，从而避免或减轻危害程度。

人工辅助授粉，提高结实率。在高温条件下玉米的自然散粉和授粉均有所下降，开花期遇38℃以上高温，建议采用人工辅助授粉。8—10时采集新鲜花粉，用自制授粉器给花丝授粉即可。

第四节　干　旱

一、症状

高温干旱（伏旱）就是从入伏到出伏期间（相当于7月上旬到8月中旬）出现的较长一段时间的晴热少雨天气，对夏播玉米生长不利，相对春旱较严重。

二、减灾措施

选育抗旱品种，如豫玉 15 号等。

用生物钾肥拌种。每亩用 500g 生物钾肥兑水溶解后与玉米种子拌匀，稍加阴干后播种，能明显增强抗旱、抗倒伏能力。

实施灌溉。在有灌溉条件的地块，采取一切措施集中水源，利用节水灌溉技术（如喷灌、垄灌、滴灌），浇水保苗，减轻干旱造成的损失。

加强田间管理。在有灌溉条件的地块，灌溉后可以采用浅中耕的措施减少土壤蒸发；在无灌溉条件的地块，可以采取中耕锄、高培土的措施减少土壤蒸发。

辅助授粉。在高温干旱期间，玉米花粉自然散粉、传粉能力下降，可采用竹竿赶粉法、涂抹法等人工辅助授粉方法，增加落在花丝上的花粉量，进而促进玉米授粉，减少高温对结实率的影响，一般可增加结实率 5%~8%。

第五节 洪 涝

一、症状

受淹后的玉米根系生长缓慢，根变粗、变短，且淹水以后可刺激次生根的发生，根系弯曲向上生长，因此受涝玉米经常出现"翻根"现象，且叶片叶色褪绿，植株较弱，基部呈现紫红色，严重时出现枯黄叶。

二、减灾措施

选用耐涝品种，调整播期，适期播种。在易涝地区种植耐涝品种。不同品种耐涝性差异较大，播种期应尽量避开雨涝汛期。由于玉米苗期最怕涝，拔节以后抗涝能力逐渐增强，因此，可调整播期，使玉米怕涝的生育期阶段错开多雨易涝季节。

实施排水措施，垄作栽培。玉米防御涝害最主要的就是搞好农田排灌设施。低洼易涝地区应该进行田间开沟，疏通田头沟、围沟和腰沟，及时排除田间积水；可以在田间挖沟起垄，在垄上种植玉米，以减轻涝害。

加强田间管理，中耕松土。玉米涝害过后土壤易板结，因此地面泛白时要中耕松土，起垄散墒，破除土壤板结，促进根系生长；同时应该及时扶正倒伏的玉米苗，壅根培土。

及时施肥。玉米涝害过后土壤养分易流失，要及时追施提苗肥。玉米受涝以后，往往表现为叶色发黄、茎秆发红、迟迟不发苗，可增施速效氮肥，也可增施磷、钾肥用量，促进根系生长发育。

第六节　风灾与雹灾

一、风灾与倒伏

风灾是指大风对农业生产造成的直接危害和间接危害。直接危害指造成土壤风蚀沙化、对作物的机械损伤和生理危害，同时也影响农事活动或破坏农业生产设施。间接危害指传播疾病和扩散污染物质等。

（一）症状

玉米是易受风灾的高秆作物，主要表现为倒伏和茎秆折断。倒伏是指植株从根部发生倾倒，但茎秆不折断，植株仍能够通过根系获得水分；倒伏不严重的植株可以自己逐渐恢复正常。倒折则是植株茎秆在强风作用下，组织发生折断，折断的上部组织由于无法获得水分而很快发生干枯死亡。受了风灾以后，玉米的光合作用下降，营养物质运输受阻，特别是中后期倒伏，使植株层叠铺倒，下层果穗灌浆速度慢，果穗变霉率增加。

（二）减灾措施

选用抗倒良种。生产选用株型紧凑、穗位或植株中心较低、茎秆组织较致密、韧性强、根系发达、抗风能力强的品种。

促健生产，培育壮苗。健身生产是指提高玉米抵御风灾能力的重要措施。一是适当深耕，打破犁底层，促进根系下扎。二是增施有机肥和磷、钾肥，切忌偏肥。三是合理密植、大小行种植。四是适时早播，注意蹲苗、培育壮苗。五是做好病虫害的防治。

化学调控生产。在玉米抽雄以前，采取化学调控措施可增强玉米的抗倒伏能力。目前生产上利用的调节剂主要有玉米健壮素、玉黄金、吨田宝和矮壮素等。

风灾发生后，及时采取补救措施，恢复正常生长，减少损失。一是及时培土扶正。苗期和拔节期遇风倒伏，植株能够恢复直立生长。小喇叭口期倒伏，只要倒伏程度不超过45°角，也可自然恢复。大喇叭口后期与风灾发生倒伏，植株失去恢复直立生长的能力，应当人工扶起并培土牢固。严重倒伏，可多株捆扎。二是加强管理，促进生长。玉米遭受风灾时，常遭受雨涝灾害。因此，灾后及时排水，晴天及时扶正植株、培土、中耕、破除板结，使根系尽早恢复正常生理活动。根据受灾程度可增施速效氮肥。三是加强病虫防治，防止玉米果穗霉烂。

二、雹灾

冰雹是从发展强盛的积雨云中降落到地面的冰块或冰球。我国是世界上雹灾较多的国家之一。夏季是冰雹多发季节。

（一）症状

雹灾对玉米的伤害：一是直接砸伤玉米，砸断茎秆，叶片破碎，削弱了光合能力；二是冻伤植株；三是土壤表层被雹砸实，地面板结；四是茎叶创伤后感染病害。幼苗期遇到雹灾，植株的叶片可以被全部毁坏，仅剩叶鞘，因此部分植株新叶展开缓慢；同时由于土壤淹水，根系缺氧死亡。成株遭遇雹灾一般受害略轻，尽管叶片也会被打成丝状，但一般不会坏死，能够保持一定的光合能力，植株生长受影响较小。

（二）减灾措施

改良环境，合理布局作物。在雹灾多发地区通过植树造林，可改变冰雹形成的热力条件；冰雹在某一地区的发生季节都有相应集中的时段，将作物关键生育时期避开雹灾高峰期。

及时田间诊断，慎重毁种。玉米苗期遭受雹灾后恢复能力强，只要生长点未被破坏，通过加强管理，仍能恢复。

第七章　玉米机收减损与贮藏加工

第一节　机收减损及秸秆还田

一、玉米成熟标准

（一）鲜食玉米

1. 甜玉米

甜玉米标准是按籽粒含水量为依据，一般籽粒含水量以70%左右为宜，品种之间有差异。

2. 糯玉米

鲜食糯玉米的成熟标准，指籽粒含水率在58%~63%。

（二）普通玉米

农民习惯在果穗苞叶发黄时收获，此时玉米还在灌浆期，没有真正成熟，可减产10%左右。要在苞叶发黄后推迟8~10d，果穗苞叶干枯、松散，籽粒乳线消失、籽粒基部形成黑色层时收获。

二、玉米机收减损技术

（一）机具作业前准备

玉米联合收获机在作业前要进行充分保养，并做好收获前调试，尽最大可能防止作业时机具发生故障，降低机收作业损失率，进一步提升机收作业质量。

1. 机具检查

在正式作业之前，一定要根据原厂附带的玉米收获机械使用说明书进行全方位的检查、保养、维修，更换需要更换的损耗件，如皮带等，充分润滑关键部位的轴承、链条等，检查机油是否充足、是否需要更换，确保收获机载作业期内能够正常工作。如果收获机在之前出现过大规模维修或者拆装，则应该提前进行试运转工作，避免出现新的状况。试运转时，应该重点检查收获机的行走、转向、刹车以及割台、输送装置、剥皮机、清选、卸粮等关键部件的运转情况。

2. 试收

试收时要根据玉米种植行距选择好并调整好收获机具。进入地块后，让机具先缓慢运转。运转没有异常后，再将玉米割台降到适宜的收割位置。

收割时，要对准作物行，缓慢结合离合器，让各部件运转一段时间，无异常后至作业转速。使用正常作业速度收割30m左右，将机具退回到收获起始点，对各项指标（如果穗掉落、籽粒掉落、破碎、含杂等）情况进行检查，多个位置检查确认无异常，方可确定试收成功。

3. 检查损失

损失主要包括收获前损失和收获时的损失。收获前损失主要由气候、病虫害及其他外界及品种因素造成。收获前损失的控制主要依靠选择优良品种、进行合理田间管理等。

（二）适期收获并注意收获方式

在正式作业之前，首先要确定玉米的适宜收获期，这样可以增加玉米籽粒的容重，增加作物产量以及品质，如果过晚收获则可能出现机收困难的情况，因此过早或者过晚进行机收都不适宜。判断玉米是否处于适宜收获期，其机收的标准是当玉米植株的中下部叶片发黄干枯，玉米苞叶也开始干枯并呈现黄白色且松散，玉米籽粒开始脱水变硬，并且胚下端出现黑帽层，呈现出品种的色泽。不同玉米品种的宜收期可能有所差异，在实际的作业过程中需要甄别。收获果穗时，玉米果穗含水率一般在25%左右即可进行，收获后的果穗含水量一般较大，需要进行晾晒处理后再进行脱粒。玉米籽粒收获地块，玉米籽粒含水率应在25%以下，采用玉米籽粒联合收获机进行籽粒收获。如果遇到紧急天气或抢种下茬作物，可适时进行提前收获。

（三）减少玉米机收损失的具体措施

1. 掌握作业地块的基本情况信息

在实施玉米机收作业之前，一定要先了解作业地块的基本情况信息，包括但不仅限于作业地块的地形、形状、面积、沟渠分布、机井分布、电线杆、树木等，尤其是机井等不易察觉的障碍物要提前做好标记，避免造成财产损失。其次，要了解玉米的种植品种、行距、密度、成熟度、往年平均产量、结穗高度、倒伏情况等，以便适当调整收获机参数、规划合理的作业路径。

2. 选择作业行走路线

收获机作业时保持直线行驶，避免紧急转向。不要边转弯边收割，尽量不要横向收割，转弯时要采用倒车法或兜圈法直角转弯。

3. 调整作业幅宽和收获行数

（1）在作业机具负荷范围内、收获机各工作部件运转正常的情况下，要合理规划作业速度，如果速度太慢则影响机收效率，太快则会容易加大机收损失，甚至造成喂入堵塞的情况。根据割台喂入情况合理掌握满幅或者半幅工作，满幅工作时要合理控制前进速度，不然容易造成割台喂入堵塞的情况，以及增加损失率、破碎率，影响收获质量。

（2）当玉米种植行距宽窄不一时，不能进行准确对行收获，要适当调小作业收获幅宽，防止剐蹭邻行玉米茎秆，导致茎秆折断、倒伏的情况发生。

4. 调整摘穗辊式摘穗机构工作参数

（1）摘穗辊间隙。一根摘穗辊上凸筋与另一根摘穗辊的外圆之间的间隙。

（2）摘穗辊间隙的调整。松开锁紧螺母，转动调节螺母即可改变摘穗辊间隙。

（3）间隙大小。收获玉米秸秆直径为20mm左右时，摘穗辊间隙一般调整为6~12mm。

注意：调摘穗辊间隙时要先松开切草刀固定螺母，调整好后再调整切草刀的间隙。

5. 拉茎辊与摘穗板组合式摘穗机构工作参数的调整

由摘穗板、拉茎辊式摘穗装置构成。每组摘穗装置由一对纵向斜置的拉茎辊，两个与拉茎辊配套使用的切草刀，两块摘穗板，两条环形输送链，一个摘穗齿箱及摘穗机架组成，为一个摘穗单元体。根据摘穗单元体的数量，组成不同行数的摘穗台。

6. 过熟作物的收割

根据实际情况降低前行速度；适当调整清选筛开度；早晨或傍晚茎秆韧性较大时收割。

7. 倒伏作物的收割

（1）机具选择。割台长度长，倾角小，分禾器尖能够贴地作业。地块有积水或湿度大，选择履带式玉米收获机作业。

（2）机具调试改装。辊式分禾器；链式辅助喂入；拨指式喂入。玉米籽粒收获机，应调整机具滚筒转速和凹板间隙等，避免过度揉搓，降低高水分籽粒破损率。

（3）首先，玉米收获机割台前端的分禾器需要贴近地面工作，以便割台的抓取部件能够抓取玉米秸秆；其次，将还田机提升到最高位置或者直接切断秸秆还田机的动力；最后，逆着玉米秸秆倒伏的方向进行收割，适当降低作业速度来保证收获机的作业性能。需要注意的是，在收获倒伏玉米的作业过程中，要及时清理割台的喂入部位，防止秸秆堆积、不均匀喂入造成割台堵塞的情况出现。

8. 坡地收获

坡地玉米机收时应采用螺旋式分禾器，或安装分离装置格栅盖用来改善分离效果。确保收获机具在坡地上顺利作业。在不漏割作物的情况下，要尽可能提高机具割台切割高度。作业地横纵坡度均不得大于8°。

9. 规范作业操作

驾驶收获机时机手一定要按照规定的步骤操作，除了查看收获情况外，还应实时观察作业环境，防止作业运转部件触碰到田间障碍物，避免发生事故。在作业过程中避免随意停车，在田间调头时，要注意周围玉米植株，避免造成倒伏和碾压。

三、秸秆还田

玉米秸秆还田的方式主要有直接还田（翻埋还田、覆盖还田）和间接还田（养畜过腹还田、沤肥还田）。随着机械化收获和秸秆粉碎机械作业的推广，玉米秸秆直接还田的面积逐步扩大。目前限制玉米秸秆还田的主要障碍因素包括适合机械化收获籽粒品种缺乏，现有品种熟期晚且生物产量高；土壤耕层浅容纳不了过多秸秆；部分收获机械质量不过关，留茬高、灭茬质量差，秸秆粉碎度不足，秸秆过长等。

（一）秸秆粉碎覆盖还田

在玉米收获时用玉米联合收割机（或用秸秆粉碎机

械）将收获后的秸秆就地粉碎并均匀抛撒在地表覆盖还田，用免耕播种机直接进行下茬作物播种。秸秆粉碎要细碎均匀，秸秆长度不大于10cm，铺撒均匀，留茬高度小于15cm。

（二）秸秆粉碎后翻埋还田

整地后播种下茬作物。用犁耕翻埋还田时，耕深不小于20cm，旋耕翻埋时，耕深不小于15cm，耕后耙透、镇实、整平，消除因秸秆造成的土壤架空，为播种和作物后期生长创造条件。与翻埋还田相比，覆盖还田不仅将秸秆作为覆盖物，起到减少风蚀、水蚀，减少蒸发和保水作用，而且作业次数少、作业成本低。因此，秸秆覆盖还田的综合效益、可持续发展效益高于翻埋还田，是今后的发展方向。

秸秆还田的地块可按还田干秸秆量的0.5%~1.0%增施氮肥，以调节碳氮比。

第二节　贮藏加工

一、玉米果穗初加工

（一）冷水预冷

由于玉米采收期正值其代谢旺盛阶段，气温也较高，收获后玉米的糖分和鲜味迅速降低，贮藏温度越高，糖分和鲜味损失的速度越快，甜玉米的品质就越易劣化，所以，收获的果穗要第一时间进行预冷处理。

玉米鲜果穗有较高的呼吸速率，产生的热量可使采收后和预冷期间的散装甜玉米的温度升高。运输时间越长，产生的热量越多，糖分转化成淀粉的速度越快，品质越差。尽管在甜玉米加工过程中很难把温度降低到4℃，但甜玉米适宜的预冷温度是0℃。常用的有效冷却方法是冷水冷却，即冷水淋浴或浸泡进行预冷，实践证明冷水浸泡比淋浴更有效。预冷后进入冷藏运输环节。

（二）分级包装

按果穗成熟度分期采收，采收后将外观大小一致、授粉结实优良的一级果穗与授粉不良、秃尖长、有虫害的果穗分级包装销售，有加工条件的地方，可将二、三级果穗用于加工速冻玉米粒或玉米浆等产品。

装箱包冰：预冷后的鲜穗，尽快装箱包冰，在没有冰水浸泡或喷淋预冷条件的情况下，作为当地销售、直接运输甜玉米最简便的办法是采收后直接包冰装箱。

（三）低温运输冷藏

1. 冷藏

预冷装箱后立即冷藏，确保甜玉米的优良品质。冷藏可以用冷藏车或冷藏室。冷藏温度尽量保持在0~2℃，不冷冻。相对湿度在95%或更高，以便保持甜玉米的鲜味。冷藏几天后要尽快移出，避免品质劣化。

2. 冷藏运输

在运输过程中甜玉米必须保持冷藏。卡车装运时最好的办法是，在箱顶上放碎冰，由上而下吹冷风。在没有其他冷藏措施的条件下，这种方法可保持较低的运输温度。冷藏车只能运输已经冷却的玉米，不适宜运输尚未预冷的甜玉米。

二、玉米贮藏

保管好玉米籽粒，关键在于籽粒水分，低水分种子如不吸湿回潮，则能长期贮藏而不影响生活力。夏收早玉米应注意籽粒水分，经充分干燥的籽粒才能安全度过炎夏高温期。

玉米贮藏有果穗贮藏和粒藏两种方法，可根据各地气候条件、仓房条件和籽粒品质而选择贮藏方法。

（一）脱粒风干贮藏

此法仓容利用率高，如仓库密闭性能好，种子处在低温干燥条件下，可以经较长时间的贮藏而不影响生活力。

1. 安全贮藏条件

籽粒贮藏安全水分以不超过13%为宜，散装堆高随种子水分而定。种子水分在13%以下，堆高3~3.5m，可密闭贮藏；种子水分在14%~16%，堆高2~3m，需间隙通风；种子水分在16%以上，堆高1~1.5m，需通风，贮藏期不能超过6个月。

2. 贮藏方法

（1）干燥贮藏。严格控制种子入库水分，入库后严防种子吸湿回潮，这是做好粒藏玉米的关键。玉米种子贮藏条件要求更高。据试验，玉米杂交种子水分为12%，在一般仓库条件下贮藏两年，对种子发芽力并没有很大影响，但贮藏3年以上时，种子生活力则有降低。

（2）低温密闭贮藏。即将干燥到安全水分以下的玉米种子采用冷天入仓、冷天将种子搬出仓外、摊晾冰冻或冷天通风降温等方法处理后，再在种堆表面覆盖草席或麻袋及干净无虫的大豆、麦糠、干沙等进行密闭贮藏的方法，适用于一般中、小型仓库。大仓库贮藏量大，可用麻袋、棉毯压盖。新玉米种子在秋冬季节交替时，易结顶发热，因而必须及时倒仓通风降温，再进行低温密闭贮藏。

（3）通风贮藏。冬季干旱，雨水少，有的地方采用围囤露天散装贮存，用自然通风的办法降低种子水分，降水后再入仓贮藏。这种方法要防止种子受冻害。

（二）整穗挂晾贮藏

1. 果穗贮藏优点

（1）后熟作用。新收获玉米穗轴内营养物质因穗藏可以继续运送到籽粒内，使种子达到充分成熟，且可在穗轴上继续进行后熟。

（2）孔隙度大。穗藏孔隙度达51%左右，便于空气流通，堆内湿气较易散发。

2. 果穗贮藏方法

有挂藏和仓库堆藏两种。挂藏是将果穗包叶编成辫，用绳逐个连接起来，挂在避雨通风的地方；也可搭架挂藏或玉米围绕树干上挂成圆锥形，在圆锥体顶端披草防雨等。仓库堆藏是将去掉包叶的玉米果穗堆在仓库内，再脱粒入仓。

主要参考文献

史安静，徐东森，赵峰，等，2022. 大豆玉米带状复合种植与病虫草害绿色防控 [M]. 北京：中国农业科学技术出版社.

余庆来，2022. 玉米优质高效栽培技术 [M]. 合肥：安徽科学技术出版社.

张建华，时成俏，马春红，等，2019. 糯玉米与甜玉米栽培 [M]. 北京：气象出版社.